QCサークル
活動の再考

自主的小集団改善活動

一般社団法人 日本品質管理学会 監修
久保田 洋志 著

日本規格協会

JSQC選書
JAPANESE SOCIETY FOR
QUALITY CONTROL
25

JSQC 選書刊行特別委員会
(50音順，敬称略，所属は発行時)

委員長	飯塚　悦功	東京大学名誉教授
委　員	岩崎日出男	近畿大学名誉教授
	長田　　洋	東京工業大学名誉教授
	久保田洋志	広島工業大学名誉教授
	鈴木　和幸	電気通信大学大学院情報理工学研究科情報学専攻
	鈴木　秀男	慶應義塾大学理工学部管理工学科
	田中　健次	電気通信大学大学院情報システム研究科社会知能情報学専攻
	田村　泰彦	株式会社構造化知識研究所
	水流　聡子	東京大学大学院工学系研究科化学システム工学専攻
	中條　武志	中央大学理工学部経営システム工学科
	永田　　靖	早稲田大学創造理工学部経営システム工学科
	宮村　鐵夫	中央大学理工学部経営システム工学科
	棟近　雅彦	早稲田大学創造理工学部経営システム工学科
	山田　　秀	筑波大学大学院ビジネス科学研究科
	藤本　眞男	一般財団法人日本規格協会

●執筆者●

久保田洋志　広島工業大学名誉教授

発刊に寄せて

　日本の国際競争力は，BRICsなどの目覚しい発展の中にあって，停滞気味である．また近年，社会の安全・安心を脅かす企業の不祥事や重大事故の多発が大きな社会問題となっている．背景には短期的な業績思考，過度な価格競争によるコスト削減偏重のものづくりやサービスの提供といった経営のあり方や，また，経営者の倫理観の欠如によるところが根底にあろう．

　ものづくりサイドから見れば，商品ライフサイクルの短命化と新製品開発競争，採用技術の高度化・複合化・融合化や，一方で進展する雇用形態の変化等の環境下，それらに対応する技術開発や技術の伝承，そして品質管理のあり方等の問題が顕在化してきていることは確かである．

　日本の国際競争力強化は，ものづくり強化にかかっている．それは，"品質立国"を再生復活させること，すなわち"品質"世界一の日本ブランドを復活させることである．これは市場・経済のグローバル化のもとに，単に現在のグローバル企業だけの課題ではなく，国内型企業にも求められるものであり，またものづくり企業のみならず広義のサービス産業全体にも求められるものである．

　これらの状況を認識し，日本の総合力を最大活用する意味で，産官学連携を強化し，広義の"品質の確保"，"品質の展開"，"品質の創造"及びそのための"人の育成"，"経営システムの革新"が求められる．

"品質の確保"はいうまでもなく，顧客及び社会に約束した質と価値を守り，安全と安心を保証することである．また"品質の展開"は，ものづくり企業で展開し実績のある品質の確保に関する考え方，理論，ツール，マネジメントシステムなどの他産業への展開であり，全産業の国際競争力を底上げするものである．そして"品質の創造"とは，顧客や社会への新しい価値の開発とその提供であり，さらなる国際競争力の強化を図ることである．これらは数年前，(社)日本品質管理学会の会長在任中に策定した中期計画の基本方針でもある．産官学が連携して知恵を出し合い，実践して，新たな価値を作り出していくことが今ほど求められる時代はないと考える．

　ここに，(社)日本品質管理学会が，この趣旨に準じて『JSQC選書』シリーズを出していく意義は誠に大きい．"品質立国"再構築によって，国際競争力強化を目指す日本全体にとって，『JSQC選書』シリーズが広くお役立ちできることを期待したい．

2008年9月1日

　　　　　　　社団法人経済同友会代表幹事
　　　　　　　株式会社リコー代表取締役会長執行役員
　　　　　　　(元　社団法人日本品質管理学会会長)

　　　　　　　　　　　　　　　　　桜井　正光

まえがき

　改善に自主的に取り組む小集団であるQCサークルは，1960年代の日本において，現場第一線における品質管理の重要性の認識が高まり，現場第一線の人たちが品質管理について自費で購入して勉強できるようにすることをねらいに，(財)日本科学技術連盟から「現場とQC」誌が創刊されたのを契機に，石川馨の呼びかけによって結成されたことに端を発する．

　その後，QCサークル活動は各地で活発化し，広がりを見せるようになり，今日では国内のみならず海外にも普及・拡大している．QCサークル活動の普及・拡大に対して，①QCサークルの機関誌（「現場とQC」は，その後「FQC」と名称変更し，現在の「QCサークル」に至っている），②1970年発刊の「QCサークル綱領」と1971年発刊の「QCサークル活動運営の基本」，③QCサークル全国推進組織（QCサークル本部・支部・地区），及び④QCサークル大会（全国選抜大会，全国・支部・地区大会）の果たした役割は極めて大きかった．またQCサークル活動の推進に役立つ入門的文献も多く出版され，これらは様々な規模や業種の組織でQCサークル活動が実践される原動力となってきた．

　QCサークルによる改善活動は，組織内外の経営環境の変化に応じて生じる様々な第一線現場の問題と課題を迅速に解決し，活力ある企業・組織を築きあげるうえで大きな役割を果たしてきたことは周知の事実である．しかし，経営環境が大きく変わる中，企業は生

存・成長するために，基本を大切にしつつも，世の中の変化に柔軟にかつ迅速に対応するとともに，変化への適応力を高めるべく自己変革をしていかなければならなくなってきた．そのような環境下では管理者・監督者が現場の第一線の人々と一緒になって発生した目前の問題をスピーディに解決するだけでなく，環境変化に積極的に適応するために，タイミングよく先取り的に課題を設定して，構造的な変革に取り組む活動が求められる．そのような改革を実現していくためには，管理者・監督者は積極的に日常的問題を顕在化して，それらに適時・適切に対処するとともに，改善しようとする問題・課題に対して，QCサークルを支援したり，ふさわしいチームを編成したりするなどして組織的な活動を展開していかなければならない．

この前提に立って現状を考えるに，人間集団の半公式的な社会技術システムとしてのQCサークル活動に対する基本的認識，環境変化に適応したQCサークル活動の深化と進化，QCサークル活動の停滞又は形骸化の回避，組織活性化のための実践理論的な展開などは必ずしも十分ではなく，またQCサークル活動の展開を考えるうえで欠かせない他の職制主導の小集団改善活動（PMサークルなど），部課長・スタッフによる重点課題改善活動，専門チームを編成してのシックスシグマ改善活動，及び部門横断的な課題に対処するCFT活動など，様々な形態の小集団による改善活動を包括的に扱った書籍なども出版されていない印象である．

そこで本書は，小集団改善活動の理論と実践に関心のある学生，小集団のリーダ，管理者・スタッフ，及び推進者を対象に，小集団

による改善活動を統一的にとらえ，その基本となる考え方，運営と全社的な推進方法，及び小集団改善活動の課題について体系的に解説することを目指して執筆した．持続的成長に貢献する小集団改善活動の活性化に資するものとなれば幸甚である．

　本書をQCサークルの生みの親でもある石川馨先生の生誕100年を機にJSQC（日本品質管理学会）選書として上梓できることは誠に光栄であり，JSQC選書刊行特別委員会の関係者の皆さま方に心から感謝申しあげる．

　また，私は長きにわたりQCサークルの中国・四国地区世話人並びに本部幹事としてQCサークル活動に携わる中で，幸運にもQCサークル本部長，QCサークル本部幹事長・本部幹事，支部世話人，並びに日本科学技術連盟の理事長・専務理事として活躍されていた諸先生方から直接のご指導とご支援を賜ってきた．この場を借りて，格別にお世話になった池澤辰夫様，高橋貞雄様，狩野紀昭様，細谷克也様，斎藤衛様，村上昭様，米山高範様，浜中順一様，横山清様，藤川篤信様，大鶴征夫様，髙橋朗様，三田征史様，蛇川忠暉様，高橋芳邦様，佐々木眞一様，大鶴英嗣様，小大塚一郎様に対し心から感謝申しあげる．中でも，本書執筆の機会を与えていただいたJSQC選書刊行特別委員会委員長の飯塚悦功東京大学名誉教授と草稿の改稿に大変有益なご意見とご助言を賜った中條武志中央大学教授に深甚なる謝意を表したい．

　2016年3月

　　　　　　　　　　　　　　　　　　　　　　　久保田　洋志

目　　次

発刊に寄せて
まえがき

第 1 章　QC サークルの基本

1.1　TQM を用いた組織運営の特徴 …………………………………… 11
1.2　QC サークルの定義と活動理念 …………………………………… 15
1.3　QC サークルの誕生と QC サークル活動全国推進組織 ……… 19
1.4　QC サークルによる改善活動の進め方の基本 ………………… 22
1.5　QC サークル活動に期待される効果 …………………………… 26
1.6　QC サークルの学習と成長 ………………………………………… 36
1.7　QC サークル活動の深化と領域拡大 …………………………… 43
1.8　QC サークル活動における経営者・管理者の役割 ………… 48

第 2 章　QC サークル運営の基本

2.1　QC サークルの編成と行動指針 ………………………………… 55
2.2　QC サークルテーマの設定と活動計画 ……………………… 58
2.3　対象の不具合現象とプロセスの現状把握と改善 ………… 62
2.4　テーマに対する改善活動の方法論 …………………………… 64
2.5　全員参加とサークル会合 ………………………………………… 75
2.6　創造性豊かな QC サークル活動の実現に向けて ………… 80

第3章　組織論と動機づけ理論からの QC サークルの再考

3.1　QC サークルの組織理論的考察 …………………………………… 87
3.2　QC サークル活動における動機づけ ……………………………… 90
3.3　QC サークル活動のゲーム的特質 ………………………………… 97
3.4　全員参加の自主管理文化醸成とリーダシップ ………………… 99

第4章　QC サークル活動の活性化

4.1　QC サークル活動の環境変化と現状 ……………………………… 105
4.2　QC サークル活動活性化に向けての取組み …………………… 108
4.3　QC サークル活動理念の現代的意義とその実現に向けて … 113
4.4　活動の特質を活かした QC サークルの運営 …………………… 121
4.5　経営者・管理者の関心と積極的な関与と承認 ………………… 127

第5章　現場力強化に貢献する多様な小集団活動の関連性

5.1　現場力と QC サークル活動 ………………………………………… 135
5.2　職場主導の日常管理を補完する小集団活動 ………………… 137
5.3　TPM 活動における小集団活動 …………………………………… 139
5.4　シックスシグマ改善活動における小集団活動 ………………… 142
5.5　部門横断編成のプロジェクトチームによる改善・変革活動
　　　……………………………………………………………………………… 146
5.6　相互学習すべき各小集団活動と統合的活動の実践 ………… 152

おわりに ………………………………………………………………………… 161

　　　　　　　　　引用・参考文献 ………… 165
　　　　　　　　　索　　引 ……………… 169

第1章 QCサークルの基本

1.1　TQMを用いた組織運営の特徴

　顧客に対して製品とサービスを提供する組織・機関（以下，本書では"企業"と総称する）は，社会的存在として使命・目的を追求する生き物であるとともに，人間の集団である．また，その企業を取り巻く環境は，不確実かつ厳しいものであると同時に，自然条件，経済並びに社会情勢，市場や競合の状況などによって，絶えず変化している．

　企業は，顧客に期待される製品とサービスを提供し，顧客が購入し満足する状況を創出するとともに，環境，経済，社会とバランスのとれた持続可能な社会の実現に貢献するために，継続的に多様な環境変化に柔軟に順応するだけでなく，環境の構造的変化に適応し自己変革していかなければ，成長どころか生存そのものすら危うくなる．それまでに培った基本となるものを大切にして維持管理するとともに，変化に柔軟に対応し，可能性には果敢に挑戦する改善（カイゼン）と変革（イノベーション）を追求していかなければならない．

　ここでいう維持管理とは，現行の技術上，操業上の水準を維持することをねらいとする活動である．それに対して，カイゼンとイノ

ベーションは，それらの現行水準の向上をねらいとする現状打破の活動である．カイゼンとは，現状のビジネスプロセス又はシステムをベースとしながら，大きなお金をかけずに，それらがもっている最大の能力を引き出すもので，多大な継続的努力と献身によって，累積的な効果を得るものである[1]．一方，イノベーションは，大規模投資による新製品・新技術の開発若しくは新設備の導入による技術革新，又はビジネスプロセス若しくはシステムの構造的変革の結果として，既存のモデルから飛躍して新規のモデルに移行し，新たな価値を創出し企業を発展させる原動力とするものである．

　また，イノベーションの結果として達成された水準は，まずそのレベルを維持管理し，次いでカイゼンを加える努力が継続的に行われない限りは，すぐに低下してしまう傾向がある．維持管理とカイゼン（以下，総称して改善と呼ぶ）とイノベーションは，相互に関連づけて実施することで効果を発揮するものであり，企業の存続と成長に必要不可欠なものである．

　本書では，"現場を信じ，現場の知恵を使い，現場に頭を戻した"[2]とされるQCサークルなどの小集団の改善活動について考察していくが，このような維持管理，改善及び革新はすべて，人間の活動として実践される．このため人間の集団である企業では，人材育成と組織活性化によって，企業の持続的成長を実現するだけでなく，そこで働く人々が大切な存在として認められ豊かな労働生活が送れるように環境を整えることが不可欠である．

　これらの要件を満足する組織的活動の一つがTQM（Total Quality Management）である．デミング賞委員会は，TQMを

"顧客の満足する品質を備えた品物やサービスを適時に適切な価格で提供できるように，全組織を効果的・効率的に運営し，組織目的の達成に貢献する体系的活動"[3] と定義している．そのうえで，同賞の審査に際しては，TQM の基本項目として，品質マネジメントに関する経営方針とその展開，新商品の開発及び／又は業務の改革，商品品質及び業務の質の管理と改善（日常管理と継続的改善），品質・量・原価・安全・環境などの管理システムの整備，品質情報の収集・分析と IT（情報技術）の活用，及び人材の能力開発を規定するとともに，これらを有効性，一貫性，継続性，徹底性の点から評価している[3]．

また，TQM 委員会は，"TQM は，企業・組織が'尊敬される存在'，'ステークホルダーと感動を共有できる関係'をめざし，賞賛される競争力（技術力，対応力，活力）の向上を図る経営科学・管理技術の方法論である" とする TQM のビジョンを示し，TQM の全体像を示している[4]（図 1.1 参照）．

ここまで述べてきたような企業の生存・成長の基本要件と TQM の基本的構造に鑑みれば，TQM では，組織運営を次のようにとらえているということができる．

① 組織の構築は，個人がもつ制約を克服して，より大きな使命と目的を達成するために，相互に関連した活動を遂行する人と技術をシステム化することを意味する．それは顧客に価値を提供するための新商品開発や業務の改革，品質保証，原価管理，量・納期管理，安全管理，環境管理などの部門横断的管理システムの構築・再構築のベースとなる．

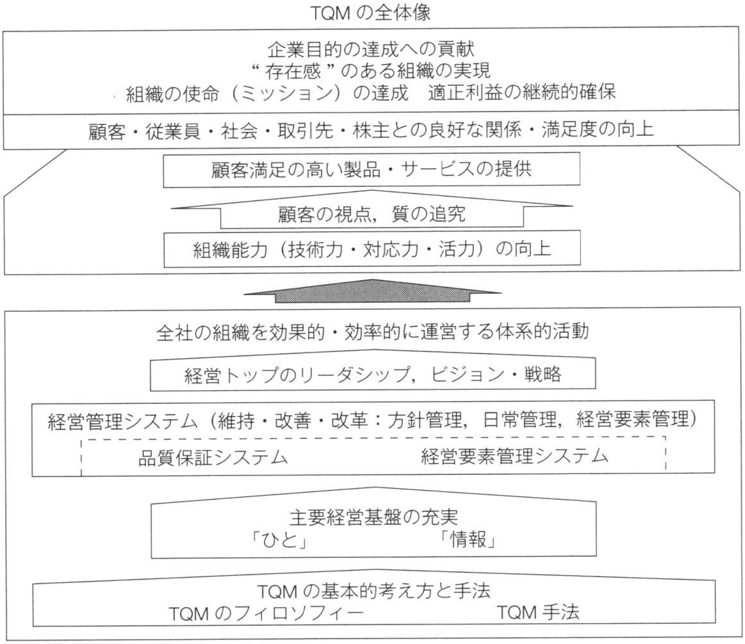

TQM の全体像

```
┌─────────────────────────────────────────────────┐
│         企業目的の達成への貢献                   │
│         "存在感"のある組織の実現                 │
│  組織の使命(ミッション)の達成  適正利益の継続的確保│
├─────────────────────────────────────────────────┤
│ 顧客・従業員・社会・取引先・株主との良好な関係・満足度の向上 │
└─────────────────────────────────────────────────┘
      ┌──────────────────────────────────┐
      │  顧客満足の高い製品・サービスの提供│
      │     顧客の視点,質の追究            │
      │  組織能力(技術力・対応力・活力)の向上│
      └──────────────────────────────────┘
                     ⬆
┌─────────────────────────────────────────────────┐
│   全社の組織を効果的・効率的に運営する体系的活動 │
│      経営トップのリーダシップ,ビジョン・戦略     │
│ 経営管理システム(維持・改善・改革:方針管理,日常管理,経営要素管理) │
│    品質保証システム       経営要素管理システム   │
└─────────────────────────────────────────────────┘
         ┌──────────────────────┐
         │   主要経営基盤の充実 │
         │  「ひと」    「情報」│
         └──────────────────────┘
         ┌──────────────────────┐
         │  TQM の基本的考え方と手法 │
         │ TQM のフィロソフィー   TQM 手法 │
         └──────────────────────┘
```

図 1.1 TQM の全体像

出典 TQM 委員会編著(1998):TQM21 世紀の総合「質」経営,p.31,日科技連出版社

② 組織と人は,共に環境に開かれた存在であり,環境との相互作用によって学習し,不確実な環境の変動に柔軟に対処していくと同時に,環境の構造的変化に適応できるように自己変革(自己組織化)を行う.変化への柔軟な対応は日常管理と継続的改善の前提であり,自己変革は経営トップのリーダシップ,ビジョン・経営方針とその展開の前提となる.

③ 組織における人は,組織あるいは集団に貢献する従属的部

分であるとともに，自律的に機能する主体でもあり，統合と自治を融合することで，組織全体の活動をシステム化すると同時に各人が自律性・創造性を発揮できるようにしている．

このことは人材能力の開発，日常管理と継続的改善の組織的活動の前提となる．

TQMでは，これらの新商品の開発や業務の改革，部門横断的管理システムの構築と再構築，日常管理，継続的改善，人材の能力開発に対して，職制による定常的業務遂行とは別に，小集団を編成して取り組む．その典型的な例が，QCサークル，職制主導のグループ，部課長・スタッフによるプロジェクトチーム，部門横断チーム（CFT：Cross-functional Team）などである．

1.2 QCサークルの定義と活動理念

QCサークルの普及に伴い，QCサークル本部がQCサークルの基本理念を明らかにすべく作成した「QCサークル綱領」[5]と，QCサークルをどのように導入し，発展させていくかを説いた「QCサークル活動運営の基本」[6]が，それぞれ1970年と1971年に出版された．その後，社会・経済環境の構造の変化とそれに応じてQCサークル活動の実態が変わったことに対応して，「QCサークル綱領」は，1996年に「QCサークルの基本」[7]として大幅に改訂された．そこではQCサークルを"(QCサークルとは，)第一線の職場で働く人々が継続的に製品・サービス・仕事などの質の管理・改善を行う小グループである．この小グループは，運営を自主的に行い

QC の考え方・手法などを活用し創造性を発揮し自己啓発・相互啓発をはかり活動を進める．この活動は，QC サークルメンバの能力向上・自己実現，明るく活力に満ちた生きがいのある職場づくり，お客様満足の向上および社会への貢献をめざす"[7]と定義している．

また，この「QC サークル綱領」の大幅な改訂に対応して，「QC サークル活動運営の基本」も 1997 年に「新版 QC サークル活動運営の基本」[8]として改訂された．しかし，これらの改訂で変わらず維持されたのが，QC サークル活動にかかわる人々が進むべき方向を示した QC サークル活動の基本理念である．

QC サークル活動の基本理念は，「QC サークルの基本」で次のように規定されている（以下，筆者による要約）．

(a) 人間の能力を発揮し，無限の可能性を引き出す[7]

人間は豊かな能力に恵まれている．また，人間は自分がもっている能力を十分に発揮したいという欲求をもっている．さらに人間は自己の能力を向上させたいという欲求をもっており，適切な条件や環境があれば，努力して無限に伸びていく可能性をもっている．

QC サークルメンバは，活動を通じて仕事に必要な知識や技術を勉強して身につける一方で，QC サークル内での活動，社内の他 QC サークルとの交流と社内発表，さらには社外の QC サークル大会などで，お互いに刺激し合い，ともに学習することによって，グループとしてのあるいはメンバ一人ひとりの能力を向上させていくことができる．また，QC サークル活動は，グループで勉強し実践する活動であるため，QC サークルリーダにはリーダシップの発揮が要請される．このリーダシップも，リーダやメンバがお互いに努

力し能力を発揮したり，緊張したりする経験を通じて体得できるものであり，QCサークル活動によって著しく高めることができる．

(b) 人間性を尊重して，生きがいのある明るい職場をつくる[7]

ここでいう人間性とは，精神面からみた人間の特性のことで，"自主性"と"考える"という二つの意味が含まれている．よい職場とは，人間性が尊重される職場である．

QCサークル活動は自主性を基本として行われる．それは，人間は自分で考え，自分の意志で仕事をするほうがやる気も出るし，成果も上がるからである．しかし，ここでいう自主性は，自分勝手で，気ままに，自由奔放にという意味ではない．あくまで企業経営の枠内での自由であり，職場で働く人々の幸福に沿った自由である．人間が，やりがい，働きがい，生きがいを一番感じるのは，自発的思考のもとに自主的に行動がとれたときである．上司，管理者から強制されることなく，自らの動機に基づいて自分から行動を起こしたときに自主性の発揮があり，その行動が評価されることにより向上心が生まれる．自主性を発揮する行動のエネルギー源は"動機"，"行動"，"評価"のサイクルで，これらが次々と回ることによりそのエネルギーはますます増幅される．"自主性"とともに，もう一つの人間性の尊重で大切なことは"考える"ことである．人間は，毎日少しでも成長したいという欲求をもっている．したがって，よく考えて創造性を発揮し，仕事や問題解決に創意工夫することは人間性の尊重にかなっているといえる．

また，自主的に行動するということは，自分で考えてはじめてできることであるから，"自主性"と"考える"ことは一体のもので

ある．QCサークル活動は，活動を通して働く人の創意と工夫を活かす．言い換えれば，仕事の進め方に自主性を認めているところに意義がある．

(c) 企業の体質改善・発展に寄与する[7)]

企業の経営目的には，大きく分けて，顧客満足の向上，その企業で働く人やその企業に関連する人たちへの貢献，及び社会に対する貢献の三つがある．そのためには企業は，お客様に喜んで購入してもらえるような製品又はサービスを継続的に提供していかなければならない．企業経営は，企業が顧客に提供する製品又はサービスを媒体として行われており，製品又はサービスのない企業経営はあり得ない．お客様がよし悪しを評価する製品又はサービスを提供する第一線の活動は，その企業のQCサークル活動に取り組んでいる人々の手によって担われているのである．

ここで述べたQCサークルの三つの基本理念は，それぞれ密接に関連している．企業の第一線で働く人たちが，能力を向上させながら職場で働くことに生きがいを感じるようになるためには，QCサークル活動を通じて自分の能力を十分に発揮することが必要である．また，このことは明るく楽しい職場をつくることにつながり，さらにその結果は，企業の体質改善に結びつき，企業の発展にも寄与するものとなる．

1.3　QCサークルの誕生とQCサークル活動全国推進組織

　戦後復興期の日本において，天然資源は乏しいが，教育に熱心で，秩序正しく，勤勉に働く日本人の特質を活かして，"良いモノを安くつくろう"，"豊かになろう"という社会的・経済的な国民的欲求を背景に，職場第一線における品質管理の重要性の認識が高まってくる中で，（財）日本科学技術連盟（当時，2012年より一般財団法人）より第一線職場向けの「現場とQC」誌（現在の名称は「QCサークル」）が1962年4月に創刊され，それを契機にQCサークルが誕生した[5), 7)]．この雑誌の創刊にあたっては，次の方針が出された．

① 現場の第一線監督者の管理改善能力向上のための手法の教育・訓練，普及に役立つ内容とする．

② なるべく多くの職組長，作業者に読んでもらえるよう個人で買える安い価格とする．

③ 現場の職組長を長とし，部下の作業員まで含めたグループを結成し，これをQCサークルと呼んで，主に「現場とQC」誌によって勉強していくとともに，このグループが職場第一線の品質管理活動の核となるようにする．

　この方針に基づき，初代編集委員長である石川馨は「現場とQC」誌創刊号の巻頭言において，各企業や現場でのQCサークルの結成を呼びかけた．また，石川を中心に検討・執筆され，QCサークル活動の基本理念と基本的な運営方法を明確に示した「QCサークル綱領」[5)]の発刊は，その後のQCのサークル活動の全国的

ひいては国際的な発展に貢献している．さらに，石川はQCサークル結成の呼びかけとともに，QCサークル活動の普及と推進の組織化を始め，同年5月にはその中核組織として日本科学技術連盟内に"QCサークル本部"を設立，現在のQCサークル活動の全国的支援体制の確立に至っている．

　QCサークル活動には，普及・促進のための全国的支援体制のもとで，QCサークル大会，事業所見学交流会，各種研修会，経営者フォーラム，経営者コミュニティなど階層に応じた場が設けられており広く利用可能であるほか，各地区では個別の相談にも応じているので，最寄りの地区のホームページなどで連絡先を確認し連絡してみるとよい［QCサークル本部ウェブサイト（http://www.juse.or.jp/qc）から各支部・地区のホームページにアクセスできる］．

(1) QCサークルの全国組織

　QCサークルの全国組織は，2015年度時点で，QCサークル本部［(一財)日本科学技術連盟内］及び北海道支部，東北支部（青森地区，岩手地区，秋田地区，宮城地区，山形地区，福島地区），関東支部（茨城地区，栃木地区，群馬地区，埼玉地区，千葉地区，京浜地区，神奈川地区，山梨地区，長野地区），東海支部（愛知地区，岐阜地区，静岡地区，三重地区），北陸支部（新潟地区，富山地区，石川地区，福井地区），近畿支部（京滋地区，大阪・近畿南地区，兵庫地区），中国・四国支部（岡山地区，広島地区，山口地区，山陰地区，四国地区），九州支部（北部九州地区，中部九州地区，西部九州地区，東部九州地区），沖縄支部の9支部35地区（21

ブロック）で構成されている．

(2) 全国組織で行われている行事
これらの全国組織によって行われている行事には次のようなものがある．

(a) QCサークル本部主催行事
- 大会等：国際 QC サークル大会，全日本選抜 QC サークル大会（11月），事務・販売・サービス部門全日本選抜 QC サークル大会（6月），本部大会（札幌，沖縄などで開催）
- 日本科学技術連盟主催の QC サークル活動に関する各種研修会，洋上大学（ホームページ参照）

(b) QCサークル支部主催行事
- 大会等：運営事例選抜大会，チャンピオン（改善事例）大会など
- フォーラム等：経営者フォーラム，経営者コミュニティなど，QC サークル活動を展開している企業の経営者どうしの交流が可能．

なお，支部・地区組織に加入するとセミナーなどの料金割引，情報や活動資料の入手，他社との交流など，多くのメリットが得られる．

(c) QCサークル地区主催行事
（地区によって活動内容が異なるので，詳細は各地区に確認していただきたい）
- 大会等：発表大会，事業所見学交流会など

- フォーラム等：経営者フォーラム，経営者コミュニティなど
- 研修等：問題解決型 QC ストーリ研修，QC 手法コース，職場別問題解決の進め方に関する研修，管理・監督者向け研修，出前研修など

(3) QC サークル活動の専門誌・解説書

5 S 実践活動の実例，各種手法の活用事例，改善活動事例，改善提案の効果的進め方，活動での悩みを解決するノウハウなどが掲載された月刊誌の「QC サークル」が日科技連出版社から発行されているほか，QC サークル活動のいわばバイブルともいえる QC サークル本部編の「QC サークルの基本」[7] と「新版 QC サークル活動運営の基本」[8] をはじめ，多くの関連参考図書が出版されている．

1.4　QC サークルによる改善活動の進め方の基本

(1) 問題の認識・顕在化

各組織で対処すべき問題とは，現在だけにとどまらず過去と将来のあるべき姿と現実との乖離である．ここで，あるべき姿は必ずしも与えられるものとは限らず，自ら主体的・自律的に設定するものでもある．あるべき姿の追求は健全な精神のもとではじめて実施される．

業務は目的を達成するために行われ，業務の結果に影響を受ける顧客も存在する．目的の実現に対する使命感・責任感と顧客満足・顧客歓喜の達成への欲求は，あるべき姿を多側面にわたって高度化

1.4 QCサークルによる改善活動の進め方の基本

する源となり得るが,その一方で,適切な現実の認識には,観察・予測の科学的方法の適用(事実に基づくこと)が不可欠である.

問題の認識のためには健全な精神と科学的姿勢が基本要件であり,これらを通して問題が認識されるからこそ改善・変革の活動が実施されるのである.

しかも,厳しく不確実な環境の変化は,企業環境の構造的変化をもたらし,組織のあるべき姿と現実の変化に伴って,問題を顕在化させ,潜在的問題を増加させる.しかし,環境の変化をどう受け止めるかは受け手である人と組織の価値観と感度によって異なり,多くは主観的に認識され選択されるものである.特に,持続的成長のための改善・変革は,潜在的問題に対する人と組織の主観的な認識に依存するので,その実践のためには,改善・変革を行うという意欲とその意欲に基づく改善・変革が日々の取組みの中から自ずと生み出される状況を会社として創出することが不可欠である.あるべき姿を追求しない,あるいは現実を直視しないで"問題がない"とするのは,環境の変化に適応できず,生存・成長できない事態に陥ることにつながる.

さらに,厳しい競争下においては,"大した差ではない","この程度の差ならば顧客にはわからない","若干の差なら顧客は困らない","多少の情報格差ならじきに解消され,すぐに追いつける"といった考えが生じやすいが,これらの微小の"差"の影響は次第に拡大していく傾向にある.したがって,差別化・競争優位のためには,微小の"差"を継続的に実現し続けることが大切であり,顧客にとってわかりやすい"スピード","柔軟性","ぬくもり"といっ

た対応力についての競争優位性を保つこと,及び"品質保証","企業・商品イメージ"といったブランドイメージを形成することがますます重要になっている.

(2) 各QCサークルが取り組むテーマの設定

　組織として対処しなければならない多くの問題・課題の積極的な認識・顕在化の次に必要なのが,認識・顕在した問題・課題のもとに,各QCサークルが取り組むテーマを設定することである.それぞれのQCサークルは,問題・課題の認識を共有化すると,現地・現物の観察と関連データによる現状分析によって,対象製品・サービスと対象業務プロセスの理解,及びあるべき姿と現実とのギャップの把握をするとともに,関連する社会的文脈・背景を確認し,なぜ(Why),何(What)が問題なのかを明らかにすることになる.

　しかし,時間と資源は限られているので,重点指向によるテーマ・目標の設定と改善対象プロセスの絞込みが必要である.そこでは,自主的なQCサークル活動として"何に対して,何のために,何をするか"を明確にするために,結果として得ようとする状態を定義し,明確化するとともに,ベンチマーキングの活用によってより挑戦的な目標を設定するなど,当事者意識のもとに自分たちの問題として取り組む決意が重要となる.

(3) 科学的アプローチによる改善活動の実施

　テーマが設定されると,設定したテーマの目標を達成するための科学的アプローチが実施されることになる.

問題の発生原因（品質マネジメントの分野では，影響が大きく対応が必要な原因を"要因"と呼ぶ）と対策が自明である場合は，迅速に対策が行われるべきである（このアプローチは"対策施行型"と呼ばれる）．

しかし，解決すべき問題の多くは要因が自明でないため，要因を科学的に解明しないまま，KKD（経験，勘，度胸）だけで対策を実施するのは危険である．結果的に，誤った対策となったり，時間と資源を浪費するばかりの無為な試行錯誤を重ねたりすることになり，理論的に間違っているだけでなく，経済的にも合理的でない．要因と対策の検討は，論理と事実に基づいた科学的アプローチを適用するほうがよい．

科学的アプローチの基本は現地・現物の観察である．一般に"観察された事実を記述したもの"がデータである．とりあえず収集したデータを解析すれば必要なことがわかるとするのは科学的アプローチとはいえない．観察は，観察要件となる考え方・見方によって，対象，側面，視点，時間も異なり観察結果も異なる[9]．しかも観察結果の記述方法が異なれば，収集すべきデータの内容も異なってくる．データは，目的と観察要件と記述方法を明確にして収集・解析されるべきであり，"何が知りたいのか"，"知ってどうするのか"，"それはどのような意味があるのか"という一連の問いに矛盾なく答えることができるようにする必要がある．

これは，解析の目的，意思決定・行為の目的，及びそれらに基づいて解析の計画を明確にすることを意味する．しかも，解析と意思決定・行為の対象は現実の世界のモノとコトであり，現実の世界と

思考の世界を観察された事実と科学的思考法（典型的には帰納，演繹，解釈）で接続し，納得のいく結論を得たうえで現実の世界に働きかける必要がある．ここで，帰納的方法，演繹的方法，及び解釈的方法は，それぞれ，"観察－帰納－検証"，"仮説－演繹－反証及び意味－解釈－了解"で，現実の世界と思考の世界とを対話する方法である．推理小説や犯罪捜査でいえば，それぞれが，物証，アリバイ及び動機に相当する．

　科学的アプローチは多様であり，合理的に問題が解決され，経験が活用・蓄積されれば，アプローチの方法自体は何でも構わない．ただし，どのような方法であれ，対象に関する現実と理論の熟知（よく知っていること）と科学的アプローチの適切な適用が必要である．科学的アプローチは，典型的には，"仮説－検証"型のアプローチであり，直接・間接的な豊富な経験と研ぎ澄まされた勘の上手な活用がポイントである．

1.5　QCサークル活動に期待される効果

(1) QCサークル活動が始まった当初のねらい

　QCサークル活動が始まった当初のねらいは，次に示す三点である．

　① "QCサークル活動は，現場の第一線監督者のリーダシップ，管理能力を高めることをねらいとし，またそれを自己啓発によって達成するように進める"[8]．

　② "作業員まで含め，全員参加でQCサークル活動を行うこ

とを通じて，現場におけるモラール（士気）を高め，品質管理が現場の末端まで徹底して行われるようにする．また，その基礎として，品質意識，問題意識，改善意識の高揚を図る"[8]．

③ "QCサークル活動は，全社的な品質管理の一環として，第一線の現場における核となる活動として実施する．そうすることによって，社長，工場長などの方針の徹底と具現や，現場での管理の定着，品質保証の達成などの面でも有効な働きをする"[8]．

これらのねらいは，製造部門をはじめ，事務・販売・サービスなども含めた第一線職場の人々が，QCサークル活動を実践するにあたって理解しておくべきものであり，ねらいどおりに実現されることによって大きな成果となる．また，これらのねらいは，雇用形態の多様化，非正規社員の増加，第一線監督者の機能劣化などの第一線職場環境の変化にも適合させて引き継ぐべきである．

(2) "人と組織の能力向上"をねらいとするQCサークル活動の導入

トヨタ自動車（株）の名誉会長である豊田章一郎は，技と想いをつなぐのは人であるとして，"モノづくりは，人づくり"と明言するとともに，QCサークル活動は，今も昔も創造力を育む人づくりの大切な活動であると確信しているとしている[10]．改善し続けることのできる人づくり，職場づくりを目指してQCサークル活動に取り組む成果として次のことが挙げられる．

(a) 現場力の向上

QCサークル活動は，第一線職場の問題や課題を発見し，それをテーマに自分たちで解決することのできる力を育む活動である．日常の仕事そのものがQCサークル活動の対象であり，どんな仕事の問題や課題に対しても，職場の6大任務［品質，コスト，量・納期，安全，モラール（士気），環境］の達成に向けて果敢に挑戦することで，直接的に成果をあげ，部門あるいは企業の経営に貢献できる．しかも，改善活動を行うそのプロセスにおいて，チームワークとコミュニケーション，リーダシップとメンバシップ，加えて問題解決能力が高まる．

(b) 企業財産としての標準化

改善（現状打破）を通じて，一番よい結果が得られる仕事のやり方を見つけ，その仕事のやり方を標準化（取決め）し，職場あるいは会社の財産として残すことができる．

(c) 人間関係や職場のモラール（士気）の高揚

モラールは人間関係とも密接に関係する．チームでの活動を通じて，メンバ間のコミュニケーションが活発になり，チームワークや仲間意識が高まり，お互いを認め合うことで何でも話し合え，協力し合える良好な人間関係が形成されることによって，職場のモラールが高揚する．

(d) 自主性と創造性を発揮する人材（人財）の育成

QCサークル活動は，上位方針をブレイクダウンして，自分たちが何をすべきかについて自らの意思で考え，仲間と英知を結集して，現状より少しでもよくなるように変えることに挑戦する創造性

発揮の活動である．言い換えれば，自主性と創造性発揮のできる人材が育成できる．

(3) 個人を変え，職場を変え，会社を変える

さらに，注目すべきことは，QCサークル活動が，個人を変え，職場を変え，会社を変えることである．これらの変化は相互に関連していて，相互補完的かつ相乗効果的に影響する．つまり，QCサークル活動は，個人と職場が相互に影響を及ぼし合いながら変化し，それが会社を変え，さらに会社が変わることにより，職場と個人が変わるという自律性とチャレンジ精神に満ちた活動なのである．QCサークル活動による，個人の成長と自己実現，職場の活性化，企業の持続的成長への貢献の関連を図1.2に示す．

この図で示した個人，職場，会社のそれぞれの変化の例を次に紹

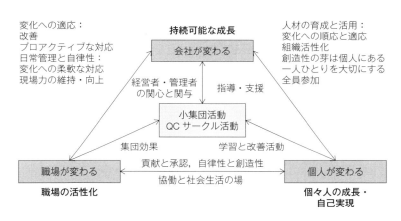

図 1.2　QCサークル活動による三つの変化

介する．

(a) "個人が変わる"の例

① 個々人の技術・技能の向上：技術・技能のレベルアップと資格の取得，多能工化・多専門化，リーダの経験とリーダシップの育成，個人の技術・技能の伝承など

② 個々人の意識・意欲の変革：使命感・責任感・仲間意識の醸成，気づき・異常に対する感性や改善意欲・問題意識の高揚，チームワークと協調性の向上

③ 自律性と徹底性の醸成：事実をよく観察し考えて行動，可能性への挑戦と粘り強い取組み，創意工夫

④ 見える化による個々人の変革の促進：スキルマップ化（技術・技能・資格），承認／恥の文化，異常の見える化，PDCA（Plan−Do−Check−Act）／SDCA（Standardize−Do−Check−Act）の見える化（目標−プロセス−結果とこれらの対応関係の見える化）

(b) "職場が変わる"の例

① 効果的協調のある職場風土の実現：協働意欲の向上（仲間意識の向上），目的と事実の共有，円滑なコミュニケーション，厳しさと達成感の共有，相互承認と相互学習による協働と集団効果，安全で明るく楽しい職場

② 職場貢献成果（業績）の向上：職制を補完する機能の遂行（課題・問題への対処），業績に直結する成果の得られる改善テーマに挑戦，積極的な役割の感知と関与，職場の業務遂行能力向上

③　現場力の維持・向上：5S・規律の徹底，PDCA／SDCAの定着，見える化・変化点管理への取組み，自主保全活動の実施，効果的日常管理と積極的改善の実施，職場の技術・技術の伝承，俊敏な対応（対応力の向上）

(c)　"会社が変わる" の例

①　QCサークル活動を通じた効果的な人的資源マネジメントの実践：教育・訓練の機会創出（技術・技能とヒューマンスキルの体得），改善活動・提案活動の活性化，共に育つ "共育" の実践の場（組織学習と知識創造），職務転換・職務充実・職務拡大の促進，モノの見方・考え方の体得（顧客価値追求，無価値作業レス化，重点指向，現地・現物主義，QC的アプローチ・QC手法，IE手法，人間工学的アプローチ），外国人・非正規社員・障害のある社員・新入社員の育成・支援・協働

②　QCサークル活動による方針管理の促進：方針管理テーマの分担（職制活動との相互補完的活動，ボトムアップとトップダウンの融合），方針管理と日常管理との有機的連携（現状打破と維持管理のサイクル），方針管理と日常管理の活動における科学的アプローチの実践

③　コアコンピタンスの確立：オペレーション活動の強化（顧客対応力，スキル，マネジメント），コアコンピタンス確立に貢献（"強み" と "らしさ"，オンリーワン）

④　持続可能な成長につながる取組みの促進：環境変化への適応とイノベーション（改善の積み重ね；増分的イノベーショ

ン），環境順応性（セル生産，平準化，変化点管理，俊敏性と自律性），プロアクティブな活動展開（環境変化に適応し変化・変動・不確実性に積極的に取り組む精神文化），危機に対する感性と危機感の共有

ただし，ここで変化の具体例を示した個人，職場，会社それぞれの要素が相互に影響を及ぼし合うことで相乗効果を発揮するためには，QCサークルを人材育成の場とすることによって，"個々人が成長する→個々人の成長に伴って他人を認める→それぞれが認め合うことで集団効果の発揮につながる→集団効果の発揮により改善が実現され，職場が活性化する→活性化した職場で組織学習能力が向上する→組織の学習能力が向上した結果，会社が環境変化に適応できる→環境変化に適応できたことで，さらに個々人が成長する→…"という形で続いていくサイクル（これをQCサークル活動による天使のサイクル[11]という）を適切に回すことが不可欠である．ここで，集団効果とは，集団のメンバー間の相互作用と他のメンバーの存在によって，個人の心理的な過程並びに行動様式の変化が起こって生成される相乗効果である．

(4) QCサークル活動による様々な効果とその例

本節ではQCサークル活動の期待効果について述べてきたが，QCサークル活動による効果には，具体的な問題をテーマとして解決することによって，コスト削減，売上げの向上や生産性の向上など，数値ではっきりとらえ把握できる有形効果と，メンバやチームとしての成長，コミュニケーション力，問題解決力の向上など，活

動プロセスの中で"人"と"組織"の能力が高まったことなど数値で把握しにくい無形効果がある．また，それら以外にも間接的に得られる付帯効果や他への水平展開が可能な波及効果など，多岐にわたる効果が期待できる．

次に，有形効果として得られる成果の例を紹介する．

（a）品質向上・顧客満足度向上

品質保証活動，工程解析・改善，ポカヨケ，自工程完結，良品条件設定・整備，工程能力改善，日常管理，顧客との親密な関係，顧客の生の声，真実の瞬間，迅速な対応，ソリューション提供・提案，約束順守，信頼獲得などによる改善：

① 不良低減，品質クレーム・異品混入・欠品・数量／ラベル相違削減，返品削減（流出防止，発生防止，再発防止，対応時間短縮，初期品質チェック，耐久品質評価，賠償・補償低減）

② 顧客満足度向上（良好な顧客関係性，顧客の安心と信頼，ロイヤル顧客拡大，顧客固定化，魅力品質，リードタイム短縮）

③ リコール削減（情報・危機管理，コミュニケーション改善，対応力強化・誠実で迅速な対応，拡散防止）

④ 売上げ・シェア拡大（営業プロセス改善，提案営業，組織営業）

なお，自工程完結[12]とは，良品だけをつくり続け，異常を発見したら自らが止まることで決して不良品をつくらない仕組みであり，トヨタの自働化を源流とした"品質は工程でつくり込む"と

いう考え方をすべての職場や仕事に浸透させるために整理した仕事の進め方である．また，真実の瞬間[13]は，顧客の脳裏に印象を刻みつける15秒の応接であるとして，最前線の授業員を適正に訓練し，顧客ニーズに迅速に，適切に対応する権限を与えるサービス戦略である．

(b) 徹底したムダ・ロスの排除

排除・統合・置換・簡素化，レイアウト変更・工程再編成，平準化，作業改善・スキルアップ・多能工化，治具・工具改善，キット化，無人化・自働化，見える化などによる改善：

① 原材料費削減（歩留り向上・立上げロス削減，代替材料，VE (Value Engineering)／VA (Value Analysis)，副資材・包装材・運送費低減）

② 作業時間短縮（待ち時間削減，動作のムダ削減，自働化，運搬の合理化）

③ 在庫削減（在庫量低減，不良在庫・長期在庫ゼロ化，ジャストインタイム，一個つくり一個流し）

④ 機械停止時間削減（故障・チョコ停・空転ロス削減，段取り・調整時間短縮，刃具寿命延長，保全時間短縮・保全コスト低減）

⑤ 性能稼働率（稼動時間当たりの生産量増加）向上（複数取り，多段加工，スピードアップ，サイクルタイム短縮）

⑥ 省人化・工数削減（多工程持ち，セル生産，労務費削減，ミス削減，手直し・修正削減）

(c) 納期順守・リードタイム短縮

物流改善,生産システム・採算管理システム再構築,注文処理システム再構築,情報システム化,IC タグ・バーコード・GPS 活用などの改善:

① 納期順守率向上・リードタイム短縮・在庫低減

(d) 生産性向上・生産能力拡大

多能工化,工程統合,レイアウト,自働化,設備リニューアル化・内製化などの改善:

① 省人化・工数削減(労務費削減,残業時間短縮)
② 生産能力向上(外注費削減,設備費削減,設備投資抑制,固定費削減)
③ 立上げロス削減(トラブル削減,垂直立上げ)

(e) 安全・衛生

健康診断・指導,人間工学的改善,職場環境改善(騒音,照明,粉じんなど),安全診断・対策,危険防止(不安全行為・不安全条件削減),ヒヤリハット,ニアミス予防,設備改善など:

① 労働災害(休業・無休)ゼロ化,疾病(うつ病・腰痛・筋肉痛)削減,交通災害ゼロ化(事故ゼロ化)
② 騒音・じんあい削減(消音,ダスト・空気清浄,クリーンルーム)

(f) 省エネルギ・環境保全・CSR

Reduce(低減する)/Reuse(再利用する)/Recycle(再生利用する),材料/エネルギー代替,法規制順守,工法改善など:

① 有害物質ゼロ化,産業廃棄物・NO_x・CO_2 排出量削減

② ユーティリティ（電気・ガス・水・油）費用削減
③ 地域社会貢献（地域社会活動支援，教育・医療支援，清掃・空き缶の収集）

(g) 5Sの徹底と改善活動

異常の見える化，標準順守と維持管理による工程安定化：
① 無断欠勤・遅刻撲滅（規律順守）
② 異常の顕在化と発生件数の低減（清掃による設備強制劣化防止，異常発生箇所の顕在化と削減，清掃困難箇所・粉じん発生源対策
③ 標準化の徹底（標準順守訓練・指導・管理，標準の設定・改定）

1.6　QCサークルの学習と成長

　QCサークルは学習と実践の相互作用によって個人とサークルの成長を実現する小グループである．QCサークルは第一線の問題・課題を解決する活動を通じて問題解決の方法論と技能・技術（テクニカルスキル）に加えて，サークル活動の運営（ヒューマンスキル）についても体得できる．また，自分のサークル活動経験から学習するだけでなく，発表体系，交流会，「QCサークル」誌などによって，他サークルの活動からも学習できる機会が設けられている．

　そもそも，QCサークル活動は学術的研究の成果に基づいて実践された活動ではなく，実践から学び，概念化と体系化が行われた

ものである．また，QC 七つ道具と新 QC 七つ道具などの適用手法も，既に存在する手法を積極的に取り込むことで有効に活用されてきた経緯がある．その意味では，QC サークル活動の内容も，環境変化に対応するとともに，学習することによって深化し進化すべきである．

ただ，学習の意義は理解していても，強い当事者意識を伴う自らの活動経験を通じた学習とは異なり，他サークルの活動から学ぶには，まずどういった点に着目すればよいのかよくわからないという声は意外に多い．社内外の QC サークル大会で発表されるよい有効な活動事例で着目すべき点として，次のような項目が挙げられる．

① 現地・現物主義が定着しているかどうか．
② 着実に改善を積み重ねているかどうか．
③ QC 的アプローチと QC 手法が適切に活用されているかどうか．
④ PM 分析，段取り改善，動作時間研究（動作経済），ECRS［Eliminate（排除する），Combine（結合する），Rearrange（配列し直す）／Replace（置き換える），Simplify（簡素化する）］，DRBFM，ポカヨケ，KT 法[14]　など，多様な手法が活用されているかどうか．

ここで，PM 分析[15]とは，慢性化した不具合現象を原理・原則に従って物理的に解析し，不具合現象のメカニズムを明らかにし，それらに影響すると考えられる要因を設備の機構上，人，及び方法の面からすべてをリストアップする考え方である．そして DRBFM（Design Review Based on

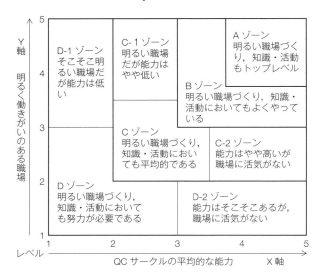

図 1.3　QC サークルレベル把握表ゾーン分布

出典　トヨタグループ TQM 連絡会委員会 QC サークル分科会編(2005)：QC サークルリーダーのためのレベル把握ガイドブック，p.15, 日科技連出版社

Failure Mode)[16]とは，設計者が変更点・変化点に着目し，心配点をしっかり洗い出して設計対応を考えたうえ，有識者，専門家を交えて多くの知見から設計審査して未然防止を図る手法であり，プロセスの改善における変更点・変化点に対する不具合未然防止にも活用されている．

⑤　仮説－検証型のアプローチが定着しているかどうか．

⑥　技術的検討がよく行われ，観察・解析結果の解釈が適切であるかどうか．

⑦　改善に創意工夫があり，知恵が活かされているかどうか．

表 1.1 "QCサークルの平均的な能力"に関するレベル把握項目

項目＼レベル	1	2	3	4	5
QCの基本的な考え方と問題解決のステップ	メンバーの大半は用語を知っている程度で、理解はしていない	一部は理解しているが、日常業務や問題発生時に実践できない	半数は理解しており、リーダー主導で実践できる	大半が理解しており、各自が日常業務や問題発生時になんとか実践できる	大半が身についており、自然に実践できる
QCサークル活動の運営の仕方（リーダーシップ）	メンバーの大半は運営の仕方を知らず、リーダー・上司の指示がなければできない	一部は理解しているものの、実際に活動となるとリーダー・上司指導でしかできない	半数は理解しており、リーダー主導で活動を進めていくことができる	大半は理解しており、テーマリーダー主導のもと、みんなが協力しながら進めていくことができる	大半が理解しており、自らの役割を自覚し、自主的に活動できる
QC手法の使い方と活動結果のまとめ・発表	メンバーの大半はQC七つ道具やQCストーリーを理解していないため、活動結果をうまく表現できない	一部は手法を1～2つ使いこなせ、まとめ方も知っているが、応用できない	半数は手法を3～4使いこなせ、QCストーリーに沿ってまとめることができ、発表もできる	大半はQC手法、QCストーリーを使いこなせ、要領よくまとめや発表もできる	大半はすべて理解しており、的を射た使い方や重点指向ができ、メリハリのあるまとめや発表ができる
多技能の向上・ローテーションなど	同職種の他サークルと比較し、非常に遅れている	遅れている（良くない）	普通	進んでいる（良い）	非常に進んでいる（非常に良い）
改善技能・改善能力（改善に対するやる気）	自ら改善しようという意識はなく、リーダー・上司の指示に対しても消極的である	従来のやり方に固執しがちだが、リーダー・上司に言われたことだけ実施する	自ら進んで改善することはあまりないが、リーダー・上司に言われたら一生懸命実施する	上司・リーダーに言われなくても、自らの問題として捉え、さらに工夫を凝らした改善を実施する	常に問題意識を持っており、新たな発想で積極的に改善（または進言）する

出典　トヨタグループTQM連絡会委員会QCサークル分科会編（2005）：QCサークルリーダーのためのレベル把握ガイドブック，p.16，日科技連出版社

⑧　プロセスの見える化が行われているかどうか．

⑨　効果確認と標準化・歯止めが定着しているかどうか．

⑩　目標を達成する成果を得ている，あるいは目標達成まで粘

表 1.2 "明るく働きがいがある職場"に関するレベル把握項目

レベル	人間関係とチームワーク	QCサークル会合実施状況	上司・スタッフ・関連部署との連携	QCや仕事の知識・技能を向上させようという意欲	職場の5Sとルール遵守
5	・全員元気よく,業務や活動もテキパキと行い,活気がある ・信頼関係も強く,本音で議論しながら進めている	・会合は計画的で,事前準備もしておリ,効率がよい ・全員積極的に本音で議論がある,活気がある	・上司・スタッフ関連部署と常に連携し,難問題に積極的に取り組み,活発に活動している	・全体がレベルアップしようという雰囲気があり,定期的に勉強会や研修会を行っている	・あいさつはイキイキと元気よく,職場の雰囲気が明るい ・5Sは全員自主的に行い,良好なレベルを維持している
4	・雰囲気は明るく,仲間意識や協調性もある ・業務や活動も協力して進める	・予定通り行っており,積極的に全員が発言する ・本音の議論では,多少遠慮が出る	・活動内容によっては,上司・スタッフ関連部署と連携し活動している	・レベルアップしたいという雰囲気はあり,時々は勉強会などを行うが単発的である	・あいさつは元気よくできる ・5Sは全員協力し,まずまずのレベルを維持している
3	・みんな仲良く,協調性もあり,にぎやかである ・業務や活動はリーダー主導で行っている	・予定通り行っているが,リーダー主導となっている ・本音も出るが,黙って従う人もいる	・活動は自分たちだけで行っており,重要ステップ(テーマ・母体・対策立案など)になると上司に相談する	・レベルアップしたいという雰囲気はあり,一部自己啓発に励んでいる ・まだ全体として行動に移せていない	・あいさつはきちんとしている ・5Sはまずまずを維持しているが,一部の人だけがおこなっている ・ルール違反はない
2	・業務連絡や会話などハキハキせず,活気が感じられない ・協調性が今一つで,業務や活動も遅れがちである	・予定を時々変更しているし,開いても事前準備をしていない場合が多く,雑談で終わることが多い	・困った時は相談するが,サークル単独活動の場合が多く,身近な問題解決の域を脱しきれない	・一部にはレベルアップしたいという雰囲気はあるが,行動に移せていない	・あいさつはするが活気がない ・職場は時々きれいするが,維持できない ・ルール違反も時々発生する
1	・全般的に暗い雰囲気があり,仲間意識や協調性もない ・業務や活動も目標未達が多い	・会合では意見はあまり出ない ・リーダーもまとめることができず,やらない時もある	・上司の声をかければ報告や相談はするが,サークルからの働きかけはない	・全体が仕事をやっていればという雰囲気があり,レベルアップしようという意識はない	・あいさつがきちんとできない ・5Sは定常的に不十分である ・ルール違反も多い

出典 トヨタグループTQM連絡会委員会QCサークル分科会編(2005):QCサークルリーダーのためのレベル把握ガイドブック,p.17,日科技連出版社

1.6 QCサークルの学習と成長

り強く取り組んでいるかどうか．

⑪ QCサークルのレベル評価とレベルアップが行われている[17]かどうか．

　QCサークルのレベル評価の方法としては，トヨタグループによって開発され公開されている方法が普及しており，広く活用されている（図1.3，表1.1及び表1.2参照）．

⑫ 改善の有形効果が大きいかどうか．

⑬ 背景と問題が明確で，目標達成の意義が明確なテーマが設定されているかどうか．

⑭ ゼロ化・レス化への取組みが積極的に実施されているかどうか．

⑮ 生産能力の向上・確保への取組みが将来動向を予測・予知しながら行われているかどうか．

⑯ 自主経営・方針目標達成に向けた取組みが行われているかどうか．

⑰ 企業・部門の方針に沿った活動が自律的に行われているかどうか．

⑱ 標準化・歯止めで変化点管理の対応が行われているかどうか．

　さらに，発表会で多くの活動事例に触れる際は，次に示すような点におけるサークル間の"ばらつき"からも学びや気づきを得ることができる．

(a) 活動の活性化と会合の進め方を工夫

交替勤務での各班リーダ制，QC何でも掲示板，新入社員・若手とベテランのペア作戦，正規社員と非正規社員・障害のある社員との協働，上司・関連部署スタッフの活用・支援，連合・混成サークル，朝一／昼一会合・時間帯分割会合・引継ぎ会合，電子メール会合・ビデオレター会合

(b) 学習と成長の場としての小集団改善活動と個の成長

技術・技能の伝承，変化に対応しての技術・技能の修得と学習能力向上

(c) すべての人がやるべきことを確実に実施する取組み

作業標準・ビデオ作業マニュアル要領，デジタルカメラ撮影映像のパソコンへの取込みとノウハウ集

(d) わかりやすい資料と発表

活動の流れ，要点の明確化，図解の活用

(e) 見える化の徹底

観察の徹底，工程・設備・型構造・流れの見える化，拡大模型・構造模型作成，不具合マップ・危険マップ・ゴミマップなどマップの作成，カン・コツ作業の見える化（数値化）

(f) 解析の深さと対策の工夫

理論的・技術的検討の深さ，設備改造・治具製作・試験装置・工法の改善，プロセスマップ，因果マトリックス，シミュレーションソフトの活用，ソフトウェア・ハードウェアの開発，対策ナビシステム

(g) 生き生きしている状況

一人ひとりのやる気と参画，夢・情熱・ぬくもり・感動・感激

(h) 活動と通じて得られた財産

個人と組織の学習，コアコンピタンスへの貢献

1.7　QCサークル活動の深化と領域拡大

誕生当初のQCサークル活動は，大手製造業において全社的品質管理活動（当時はTQCと呼称）の一環として導入・推進され，製造部門における現場の改善と人材育成の面で多大な成果を実現した．その後，QCサークル活動は，事務・販売・サービス部門などの非製造部門にも広がり，全社的に実施されるようになるとともに，中堅製造業においても実施されるようになってきた．そしてQCサークル活動は我が国の産業発展に大きな貢献をし，日本企業は世界の"モノづくり"の模範となってきた．

いまやQCサークル活動は"モノづくり"だけでなく，医療・福祉，運輸業，コールセンタ，ホテルやレストラン，自衛隊など，多様なサービス領域でも実践されるようになっている[18]．さらにこの活動は，今や海を超えて世界的に導入されており，例えば，インドなどの新興国の人々のQCサークル活動への熱心さは，過去の日本の状況を彷彿とさせるほどである．

ところが，日本国内では"QCサークル活動は資金的にも人材的にも余裕のある大企業で実施されるものである"とか，"QCサークル活動は形骸化しており効果が少ない"といった風聞による誤解

がある．こうした状況を受けて，QCサークル本部幹事長である米山高範並びに副幹事長の中條武志のリーダシップのもと，e-QCC活動（evolution Quality Control Cricle，進化したQCサークル活動）が2002年度QCサークル本部方針として提示された．e-QCC活動のビジョンは，①"個"の価値を高め，感動を共有する活動，②業務一体の活動の中で自己実現を図る活動，③形式にとらわれず，幅広い部門で活用される活動，というものであった．e-QCCの具体的内容は，2008年のQCサークルシンポジウムで行われた討論，2003年から2007年の5年間のe-QCCへの取組みの振返り[19]中條武志の解説[20]や米山高範の著書[21]などから知ることができる．

いかなる活動も，基本的には環境変化に適応して変革されるべきである．それはQCサークル活動も例外でなく，QCサークル活動の理念は普遍的であるとしても，環境変化に応じた活動の展開が必要であることには異論がない．現在に至るまでの「QCサークル綱領」の3回の改訂も環境変化に対応したもので，e-QCCのビジョンの内容は，1996年改訂版の「QCサークルの基本」[7]と矛盾なく整合している．

e-QCCの登場とそれに伴う議論は，1960年代から連綿と続いてきたQCサークル活動のあり方に一石を投じるものであったが，e-QCC提唱のそのものがQCサークル活動の再考に役立った面も大きい．"QCサークルとe-QCCの違いは何か"の物議を醸し出したことで，QCサークルが対応すべき環境の変化，職場の変化，人の変化を再認識する機会となったのである．そして，改めて"QC

サークル活動は何のために行うのか"を問い，QCサークル活動への関心を高め，QCサークル活動の活性化による職場の活性化を促進し，慢性的な減少傾向の歯止めに貢献したといえる．e-QCCを標榜して医療・福祉分野へのQCサークル活動の普及・浸透が行われたことに加え，中堅・中小企業への普及，公共団体・経営者関連団体との連携も強化される兆しが見られるようになった．この間に経営者フォーラムの開催，事務・販売・サービス部門全日本選抜QCサークル大会開催も実現している．こうした活動と成果は関係者の尽力によるところが大きい．

また，重要品質問題とリコール，品質問題の偽装・隠蔽，技能オリンピックでの成績悪化，日本の競争力低下の危惧などを背景に，現場力強化と経営者の品質責任が社会的問題化したことも，QCサークル活動への関心を高め，QCサークル活動の活性化の促進要因になったといえるだろう．

とはいえ，こうした状況下でも，指示待ち人間の多い大企業，教育に時間と費用を充当できない中堅・中小企業と福祉法人，非正規社員が多い職場などに対しては，QCサークルの本質について適切な認識をもってもらうとともに，それぞれの企業の状況に応じて社内から知恵を出し合い，それらを適切に活かしていく環境を整える必要があり，QCサークルの理念と活動の運営に対する理解の浸透，QCサークル活動の普及・拡大の支援体制と相互啓発・相互学習，QCサークル活動による現場力向上の方法などは残された課題となっている．

これらの課題への対応の鍵となる経営者層のQCサークルに対す

る理解と支援は，QCサークル活動を導入・推進している企業でも必ずしも十分ではなく，全般的に限定的である．実際に，QCサークル活動の普及を行っている各支部・地区の幹事会社数は減少傾向であり，幹事も努力はしているものの経験不足で，組織内と支部・地区のQCサークル活動の活性化への貢献にも限界があるのが現状である．

e-QCCを総括すれば，医療・福祉分野，販売・事務・サービス部門への普及・拡大には大きく貢献したものの，QCサークル活動の深化には貢献が及ばなかったことになる．また，改訂版「QCサークルの基本」[7]との関係から考えると，e-QCCは，改訂に組み込まれた内容を具体的な活動として展開し，福祉QCサークル，経営者フォーラム，事務・販売・サービス部門の全日本選抜QCサークル大会などの成果をあげた一方で，e-QCCの提唱者と推進者の意図したことではないにせよ，QCサークル活動関係者に"e-QCCは新しい活動で従来の活動は古い"という思考回避の傾向（守るべき大切な事項と変えるべき事項を峻別して再構築するのではなく，従来のものを全否定して新しいものに無条件に飛びつく傾向）と，活動の本質と活動のあり方を追究しないまま，マニュアル的形式に従う傾向をもたらした可能性は否めない．その主たる要因は，e-QCCの普及に際して「QCサークルの基本」を前提にしていることに対する明解なメッセージがなかったこと，関係者の「QCサークルの基本」と「新版QCサークル活動運営の基本」[8]の購読が少なく，そもそも基本に対する認識が十分でなかったことに加え，支部・地区の幹事と各組織の推進者・世話人の経験が不足して

1.7 QCサークル活動の深化と領域拡大

いたことや経営者層に対する働きかけが十分でなかったことにもあると推察される．今後は，これらの反省を踏まえてQCサークルの原点に回帰するとともに，経営者・管理者及び第一線の人々がQCサークル活動の必要性と有効性を実感できるように，また有効で一貫性のあるQCサークル活動が徹底して実施されるように，愚直なまでに地道な活動が粘り強く展開される必要がある．

QCサークル活動の創設と普及は，周知のとおり，生みの親である石川馨をはじめ，今泉益正，草場郁郎，石原勝吉，原田明，藤田薫，杉本辰夫，米山高範，池澤辰夫，近藤良夫，村上昭，斉藤衛，狩野紀昭，細谷克也などの，卓越した見識と使命感に基づく情熱をあわせもち，熱心に指導に従事した多くの指導者と，それに共鳴した信奉者の絶え間ない取組みと努力の賜物でもある[22]．第一線の人々との心の交流，懇切丁寧な指導，手づくりの大会など，ボランティアによる創設期の地道な活動を積み重ねて今日のQCサークル活動の基盤が構築されたことは，関係者の広く知るところである．現在の環境にあっても，QCサークル活動の本質・理念は普遍的なものである．今こそ基本に戻り，厳しく不確実な環境に適応するために，愚直なまでにQCサークル活動の理念と運営の基本に沿った活動を徹底して実践するとともに，個人を活かし，全員参加で創造的に知恵を出して集団効果を発揮する活動を実践する必要があることに疑いの余地はない．

ただ，その一方でQCサークル活動の生みの苦しみと喜びの経験者は少なくなり，QCサークル活動が既に存在し普及のための体制と手段も整備されている現在，先駆者たちの高い志と情熱の次世

代への継承は容易でないことも事実である．また，普及活動も一部地道に実践されているが，組織的余裕がなく，経験が不足している支部・地区では幹事が実施する現地・現物での活動における密着した指導・支援も限られている．幹事を退いた人の活用も十分ではない．こうした状況を打破するには，各企業の経営者がQCサークル活動の認識を深めるための本部・支部・地区の役員の一層の尽力に加えて，QCサークル活動の必要性と有効性を実感できる場と状況の創出が不可欠であり，多くの経営者・管理者の参加が期待される．

1.8　QCサークル活動における経営者・管理者の役割

　前節でも述べたとおり，QCサークル活動の活性化と効果的な活動の実践は，経営者と管理者の関心と支援次第である．感動を与え，称賛に値するQCサークルには必ず熱心な経営者と管理者が存在するといってよい．QCサークルは参加者の自主性を重んじるものであるが，その活動を支援する立場の経営者と管理者の存在は必要不可欠であり，自主性と放任は異なる．管理者は，業務の機能遂行と人材育成に責任があり，持続的な現場力強化を実現するQCサークル活動の実践の場を創出し，必要な教育と支援をするとともに，活動の阻害要因を取り除き，必要に応じて刺激を与え自己啓発・相互啓発を誘発させ，QCサークルを育成しなければならない．

　改訂版の「QCサークルの基本」では，"経営者・管理者は，この活動を企業の体質改善・発展に寄与させるために，人材育成・職

場活性化の重要な活動として位置づけ，自ら TQM などの全社的活動を実践するとともに，人間性を尊重し全員参加をめざした指導・支援を行う"[7]と，経営者・管理者の役割が明示的に定められている．そのうえで，経営者・管理者の役割について，次のように説明されている（「QC サークルの基本」[7]からの筆者による抜粋・要約をもとに記す）．

(1) QC サークル活動の位置づけの明確化

　第一線の職場で働く人々の自主性を尊重し，その人々の能力を向上させ，働きがいのある"よい職場"をつくる QC サークル活動を導入し，推進することは，第一線の職場で働く人々に経営目的達成への参加を求める道である．QC サークル活動は"自主的に行うことを期待される活動"ではあるが，その活動の場は第一線の職場であり，企業内における活動であって，企業経営における人間的側面に関連している．この活動を，経営参加の一つの形として重視し，人材育成・職場活性化の重要な活動と位置づけ，企業の体質改善・発展に寄与するものとして育成していくことが，経営者・管理者の役割である．

(2) 企業の体質改善・発展につながる形での活動推進

　社会に貢献するという企業の使命は不変であるが，時代によって企業に求められるニーズは常に変化する．その変化の方向に沿って，時代のニーズに応えていくことが企業の永続的な発展には不可欠であり，変化に対応できる企業としての体質改善が求められてい

る．第一線の職場を活動の場とする QC サークルの自主的な活動を推進することが，その変化に対応できる企業の体質をつくるうえで大きな意味をもつといえる．

(3) メンバ個々人の成長を促すような指導・支援の実施

自ら考え，自ら学び，自ら成長することをねらいとする QC サークル活動は，第一線の職場の能力向上，人材育成に有効な活動である．同時に，この活動を通じて一人ひとりが自信とやる気を高め，職場のチームワークを強めることによって，職場の活性化がもたらされることとなる．

ややもすると，経営者・管理者は QC サークル活動に対して改善の効果だけを重視し，期待しがちであるが，まずは QC サークル活動を通じての人間としての成長，能力向上を重視すべきであって，サークルが成果をあげるように指導・支援するのが経営者・管理者の役割である．

(4) TQM など全社的活動の実践

QC サークル活動は，TQM などの経営者・管理者による管理・改善活動などの全社的活動を前提とし，この全社的活動の一端を担うものとして位置づけられている．なお，このとき QC サークルだけに管理・改善活動を期待して，経営者・管理者による管理・改善活動が行われないということがないように，全社的活動を展開していくことが，QC サークル活動の効果を高めるものであることを強調しておきたい．

（5）メンバ個々人の人間性の尊重

　QC サークル活動は，本来的な人間性を最大限に発揮することをねらった自主的な活動であり，自主性の発揮についての動機づけを行い，それに基づく自主的な行動を認め，ほめることによってサークルは成長する．自主的活動を通じて，第一線の職場で働く人々が，自己実現や明るい職場づくりに大きな成果をあげることは企業にとって望ましく，期待するところである．これを積極的に推進することは経営者・管理者の本来の仕事である．

（6）全員参加への目配り

　全員参加は，QC サークルを結成した職場の人たちが，一人残らず QC サークルメンバになり，会合に参加して，みんなで考え，みんなで発言し，行動するとともに，これらの活動を通じて勉強することを意味する．第一線の職場で働く人たちには，パートタイマー，アルバイト，協力企業の人たちもおり，これらの人々を含めて第一線の職場で働く人たちが，全員，どこかのサークルに参加することが期待される．一人ひとりが自己を主張し，お互いに研鑽し合うことが一人ひとりの自信を深め，ひいては QC サークルに参加する人たち全員の能力を向上させ，それが企業全体の能力向上につながり，その相乗効果を高めることとなる．

　QC サークル活動は自主的な活動であるが，企業内における活動である．したがって，QC サークルのメンバ一人ひとりが，企業の経営方針について理解を深め，その実現を目指した活動を展開していくことが，経営のうえで重要な意味をもつ．

経営者・管理者は，全員参加を目指して，参加の機会をつくり，呼びかけを行う役割をもつ．これによって，QCサークル活動のもつ個人の能力を発揮する人間的側面と，明るい職場づくり，企業の体質改善・発展への寄与という企業的側面の両方を達成することが可能になるのである．

(7) QCサークルに対する指導・支援

指導・支援にあたっての基本は，QCサークルに参加する一人ひとりの態度の変化，意識の高揚，能力レベルに応じた指導・支援を行うことである．QCサークルの指導・支援にあたって，経営者・管理者が留意すべき点は，次のとおりである．

① QCサークル活動の基本的な考え方や活動方法をよく理解し，自企業の実状を踏まえた方策を取ること
② TQMなどの全社的活動について，その方針を示すとともに自ら実践すること，あわせて，QCサークル活動の位置づけや期待を明確にして行動すること
③ 活動の主役がQCサークルメンバであることを認識し，活動の実状を把握するとともに，サークルメンバの意見を聞き，メンバ一人ひとりの気持ちをくみ取って進めること
④ 常に，自分自身のQCサークルへの指導・支援が適切であったかを見直し，顧みる姿勢をもつこと

また，QCサークル活動を導入し推進していくためには，QCサークル活動を人材育成・職場活性化の重要な活動として位置づけるとともに，経営者・管理者がTQMなどの全社的活動を実施し，

そのうえで，次のような点に留意してQCサークル活動を推進する体制をつくりあげていく必要がある．

(a) 推進方針の明確化と推進組織の整備

経営トップ層の主導によって，自社にふさわしい"QCサークル推進委員会"，"QCサークル推進事務局"などを設置する．さらには"QCサークルリーダ会"など，自主的な活動を尊重するための自主的な推進組織の開催を働きかけ，QCサークル活動の活性化に役立てる．

(b) 教育の実施

経営者自らが率先してQCサークル活動の基本的な考え方を理解することから始める．次いで，管理者の教育やQCサークルリーダの教育など，全社的な教育システムを整備し実施していく．

(c) 推進制度の整備

QCサークル活動を推進するための制度，規定などの仕組みを整備する．

また，QCサークル活動を効果的に推進していくための，経営者・管理者の指導・支援の心構えのポイントは，次のとおりである．

① QCサークルに関心をもち，その活動に期待感を示す．
② 自らが率先して品質意識・問題意識・改善意識をもつよう心がけ，自らの実践によって周囲にその姿勢を示す．
③ 経営方針を具体的に説明するとともに，日頃から職場に関する情報やQCサークルに役立つような情報を積極的に提供し，情報の共有化を図り，認識を共有する．

④ QCサークル活動のステップに応じた指導をする．

⑤ 自主性の必要性を理解させる一方で，強要しないようにするとともに，自主性の名のもとに放任しない．

⑥ 職場の実状を把握し，全員参加を妨げる要因を排除するなど，全員参加の土壌づくりをする．

⑦ 常にQCサークル活動に関心をもち，活動の努力をたたえ，その活動を認めていることを態度で示す．

⑧ 社外の動向にも関心をもち，企業間交流，QCサークル全国推進組織による社外の交流会への積極的参加を支援する．

第2章 QCサークル運営の基本

2.1 QCサークルの編成と行動指針

　一般的にQCサークルは，自然発生的に結成されるものではなく，経営者による明確なQCサークルの導入・推進方針と推進組織の整備などの働きかけや支援があってはじめて結成される．

　例えばここで，QCサークルの導入・推進方針と管理者の支援のもとに，職務の特性に応じて，同じ職場あるいは課題を共有できる第一線で働く人たちがQCサークルを結成するとする．QCサークル結成にあたっては，仕事の類似性・関連性・話題の共通性などを考慮したQCサークル編成メンバの範囲設定，管理者によるリーダの指名・説得（第一線監督者又は第一線監督候補者），メンバによるリーダの受容，リーダの覚悟・使命感とメンバへの配慮ある働きかけが重要である．特に，QCサークル導入時には，同じ職場又は前後工程のメンバでQCサークルを結成し，QCサークル活動が定着した後は，同じ職場に限定せずに，取り組むべき課題に対応できる第一線の人によるメンバでQCサークルを再編するのがよい．

　サークルメンバの数が多い場合には，全員の集合や意見を述べる機会などに制約が生じ，合意形成，俊敏な行動など，全員参加での活動実施が困難となることから，3名以下のサークルも存在する

が，一般に QC サークル活動は 5～7 人程度が適切とされる．メンバの数が 10 名を超える場合には，サークルの分割あるいは複数のサブサークル編成をするのが一般的である．交替勤務制を実施している場合には，シフト間の連携強化と相互学習のため，シフトごとにサブサークルを編成し，日常的な QC サークル活動はシフトごとに実施して，月に 1 回程度全体サークル会合を実施するとともに，活動板・連絡ノートや電子掲示板・イントラネット等を活用したりするなどの工夫がなされている．

また，QC 活動理念に基づく効果的な協働を促進するサークル結成・再編成の形態としては，①正規社員と非正規社員など雇用形態の異なるメンバ混成の QC サークル（そこでは非正規社員を対等の活動パートナとして位置づけるとともに，非正規社員の正規社員登用の機会提供の場とするなどの配慮をする），②請負社員が自律的に維持管理・改善を実践する QC サークル，③新入社員・女性社員など少数派に配慮した活動を実施する QC サークル（教育の場であるとともに，未経験者・女性に対する作業条件・環境の整備），④ベテランと若手の協働の場としての QC サークル（技能伝承，ベテランの経験・技能と若手の知識・アイデアの融合）などがあり，それぞれ配慮と工夫がなされている．

QC サークルを結成・編成すると，社内 QC サークル推進事務局へ QC サークルの名称とメンバの氏名・年齢などを登録し，企業内の活動として認めてもらうことになる．ただし，QC サークルの結成・編成においては，チームワークで進めるグループ活動とするために，メンバから信任されたリーダ主導で QC サークルの基本理念

を確認し，メンバ間の相互理解と信頼関係をつくりあげていく必要がある．そのために，メンバが日常的な挨拶と会話を大切にして互いに知り合うとともに，サークルの運営や第一線現場の問題について話し合い，業務知識やQC手法などについて共に勉強することが求められる．なお，QCサークル活動がさらに活性化してくると，職場間やQCサークル間で解決すべきテーマに気づくようになることから，複数のサークルの協働によって活動を実施する連合QCサークルも結成されていくことになる．

　サークルの編成を一通り終えたら，目的と価値観を共有するために，メンバ全員で思いを込めてQCサークル名称と指針を設定するのが慣例となっている．QCサークル名称は，一般的に次のような特色をもつものが多い[8]．

　① QCサークルや職場の将来への期待，希望，抱負，夢を表したもの
　② 職場の名称又は特徴を示したもの
　③ QCサークル全員の特徴を表したもの

また，QCサークルの指針は，必ずしもすべてのサークルが設定しているわけではないが，設定されている指針は集団効果をより発揮できるようにするための行動指針・規範であり，QCサークルの厳しい現状と期待を鑑みると，次のような行動指針を設定し共有して，今まで以上に心を一つにして活動に取り組むことを期待したい．

　① 個性を尊重し，互いに存在を認め，信頼関係を構築しよう．

② 現場と仲間を誇りにできるようにしよう．
③ 絆を深め苦楽を共にしよう．
④ 他者への貢献と他者の幸せを歓_{よろこ}びにしよう．
⑤ あるべき姿の追究と事実の観察を徹底しよう．
⑥ 見える化を推進しよう，そして見る努力をするとともに見せる勇気をもとう．
⑦ 現実から逃げずによかった探しをしよう．
⑧ 仲間を増やし大切にしよう，出会いを大切にしよう．
⑨ 創造的提案をしよう，そして創造の芽を大切にしよう．
⑩ 原点を見失わず事実を直視し，誠実に行動しよう．
⑪ "知っている"と"している"の違いを大切にしよう．
⑫ "仕方ない"を死語にしよう．
⑬ 時代を先取りした活動に挑戦しよう，そして将来に向けた活動をしよう．
⑭ 技術・技能を伝承し進化させよう．
⑮ やるべきことをきっちりやろう．
⑯ 上司と関連部署スタッフから積極的に支援を得よう．
⑰ 失敗を恐れず，失敗から学び，成功するまでやり抜こう．

2.2　QCサークルテーマの設定と活動計画

　QCサークルのテーマ候補には，①日常管理で発生した異常に対する事実に基づく原因追究が必要であって，職制ですぐに対処できない問題，②自分たちが困っている問題，③日々の活動で気づいて

2.2 QCサークルテーマの設定と活動計画

いる又は気になっている問題・課題, ④方針展開で設定された課題で職制から要請・期待された課題などが挙げられる.

　サークルテーマ候補抽出では, 日常的に目的意識と問題・改善意識をもって業務を遂行すること, 顧客(後工程)のニーズや職場の方針を理解すること, 及び顧客(後工程)の話をよく聞くことが重要である. 問題・課題は, あるべき姿と現実との乖離であり, あるべき姿を追求・設定し, 現実を観察・予知すれば, テーマの候補は抽出できる.

　また, テーマの設定は, QCサークル活動の経験に応じたものとする必要がある. 例えば, 経験が少なく, QCサークルの意義や活動の運営に対して懐疑的であったり, 戸惑い, 負担の偏り, やらされ感, 不安感などがあり, 主体的・自律的な全員参加活動ができない状況に陥っているQCサークルの場合には, まず活動を実践して達成感を共有できる状況を体験することが重要である. そのためには, メンバ全員が興味をもって話合いができ, 現地・現物の観察やデータ収集が比較的容易な, いわば"自分たちが困っていて自分たちのためにもなる", 身近で, やさしい, メンバ共通のテーマを取り上げるとよい. また他のサークルの成功事例を参考に, 自分たちも実施したいしできると思えるテーマを設定して, 活動の運営も含め真似して取り組むのもよい.

　これに対し, ある程度QCサークル活動を経験して活動の進め方を理解し, 継続的な活動ができるようになったQCサークルの場合には, 身近でやさしいテーマばかりでは達成感や成長の実感を得ることができず, 物足りなさやマンネリ化を感じるようになるため,

活動が停滞しがちになる．そこで，既にある程度経験を積んだ QC サークルでは，"後工程が困っている"，"顧客が困っている"，"管理者が困っている"など，自分たちが主体のテーマ選定からもう一歩踏み込んで，"慢性的で改善されていない"，"深い技術的な検討が必要である"，"近い将来に対応が必要である"，といった問題・課題にチャレンジし，関係者から承認され，成長と達成感を共有できるテーマに取り組むとよい．また，このようなテーマを選ぶことで，関連部署スタッフの支援（基礎理論とメカニズムに対する認識，原因追究と対策に関する専門知識など）を得て技術的検討を深め，自信と実力をつけるとともに，このような変化に適応できる学習を体験する経験を重ねることによって，会社として現場力の向上につなげることが期待できる．そこからさらに，向上した現場力を活かして，部門横断的な課題，企業の競争優位性を高める課題，企業の発展・業績に積極的貢献のできる課題をテーマとすることにも挑戦し，ステップアップを続けていくと，やがては会社を代表するようなサークルに成長することが期待される．

　これらの問題・課題からテーマ候補を挙げ，その中から期待成果，実行可能性，緊急性，サークルメンバの希望，管理職からの要請などの事前に設定した評価基準に基づき，サークルメンバの討議によってテーマを決定する．そこでは，テーマを解決した状態に対するイメージを共有し，自分たちの問題として取り組む姿勢を確認したうえで，目標（項目－何を，期限－いつまでに，達成水準－どこまで改善するか）の設定と管理者の支援の取付けが必要である．

　テーマが決定したら，テーマの目的，活動の手順（目標達成まで

2.2 QCサークルテーマの設定と活動計画

の大まかな活動の進め方），メンバの役割分担，活動スケジュールなどを明確にした QC サークル活動計画を策定し，管理者の承認を得るとともに，活動に対する管理者の助言や活動の時間・場の確保，必要に応じての関連部署スタッフの協力などの支援に対する約束を取り付ける．ここでは，会合の開催方法（場所，頻度，時間，司会，討議の課題と方法，会合の記録，会合の準備），会合間の活動のあり方（次回会合までに各人が実施すべき事項，現場・現物の観察，管理者・関連部署スタッフ・協力業者・推進事務局など関係者との調整，調査の実施，アイデア・対策案の提案），コミュニケーションの方法（連絡掲示板，気づきメモ，相談），管理者への報告・連絡・相談，会合に欠席・遅刻する場合の扱いと対処，親睦会・学習会など，QC サークル活動運営についての基本的合意が必要である．

なお，全員参加の活動が円滑に遂行され，かつ活動そのものが活性化するようにメンバで役割を分担するが，役割を分担された者が担当する役割のすべてのことを実施するわけではない．分担者の役割は，分担した役割遂行のために責任をもって準備・運営し，まとめることである．リーダの役割は，各役割担当者の相談相手となるとともに，役割遂行を支援することにある．

QC サークル本部編「新版 QC サークル活動運営の基本」[8]では，活動状況を示すチェック項目として，テーマ解決件数（3件以上／年），会合回数（3回以上／月），勉強回数（4回以上／年），発表件数（課内発表3回以上／年），外部発表（1回以上），提案件数（20件以上／年）などがあるとしている．

対象の不具合現象とプロセスの現状把握と改善

　設定したテーマの解決を科学的・合理的に実施するためには，まず，問題・課題の対象となる不具合現象・現状を現地・現物で観察する必要がある．そして観察した結果，何がわかったか（観察された現象とその解釈）を確認する．多様な経験と能力をもっているメンバが対象の不具合現象を観察すれば，多様な観察結果と解釈が得られる．このとき，観察者によって観察の視点（見方と考え方）は異なり，何をどのように見たかの観察の結果と解釈も異なることに留意する必要がある．

　ここで大切にすべきことは，"対象をよく知ること"と"全員参加の集団効果"である．QCサークルの各メンバは，第一線で実際に仕事に従事し，多様な経験をしているので，観察対象の現実を最もよく知っているとともに，他のメンバからも観察の前提となった理論を相互学習し，観察能力を向上させることができる状況にある．よってここでは，能力向上を効果的に実現するために，QCサークルで改善対象の製品・サービスとプロセスについての基本的知識をきちんと確認したうえで学習を行うべきである．また学習のために，必要に応じて，管理者や関連部署スタッフの支援を得るべきである．そうすることによって，各人の学習してきた観察の理論から，関係者が納得する最も適切なQCサークルの観察理論を再構築できるので，以後はその再構築した観察理論によって，現地・現物で再度対象を観察することができる．

　ここで観察すべき対象は，結果としての現象・状態だけでなく，

現象・状態を生起させたプロセスとシステムも含まれる．よって，①どのような状況で，どのような不具合現象と望ましい現象が生起したのか，②それらの現象を生起させたプロセスとシステムはどのような状況・状態であったのか，③生起した現象とプロセス・システムの状況・状態にはどのような関係があるかを，現地・現物の観察によって知ること，及び推論することが重要なのである．

ここで，まず初めに実施すべきは現状把握である．具体的には，①不具合現象は，望ましい現象と比較して，どこがどのように違うのか，②不具合現象が発生する場合と発生しない場合のプロセスの違いはどこにあるのか，③どのような状況でどのような不具合が発生するのか，④プロセス（材料，設備・機械・型具・治具，人・熟練度・作業方法，作業条件，段替・調整，温度・湿度・じんあいなどの環境条件など）のあるべき姿と現実（標準の設定と順守・改訂の状況，プロセスで発生するばらつき）はどのように整備され管理されているか，⑤プロセスフロー（活動と情報の流れ）のあるべき姿と現実はどのようにシステム化され運営・管理されているか，を調査し確認しなければならない．そのうえで不具合発生のメカニズムの仮説を設定し，その仮説を事実に基づいて検証して，不具合を発生させない４M（材料，機械，人，方法）の良品条件を設定・整備（標準の設定と更新）する必要がある．

そのためには，目で直接観察するだけでなく，写真，動的画像，拡大写真などの有効な観察手段のほか，関連部署スタッフの支援を得て，温度，音，振動，電流・電圧などの診断技術を積極的に活用すべきである．このような観察力の強化が，何が問題の核心なのか

を見極める目を養い,問題を感じ取る能力,見えづらい問題を明らかにする能力,考える能力,学習する能力,改善のシナリオを描く能力を向上させることになる.

2.4 テーマに対する改善活動の方法論

　QCサークル活動では,改善の方法論(手順と手法)が提供され,活用されていることが強みとなっている.QCサークル活動で活用されている代表的な改善の手順はQCストーリと呼ばれるもので,改善活動事例をわかりやすく説明するための報告の構成ステップでもある.このQCストーリには,①日常的に繰り返し実施されている業務活動で発生した問題の原因を追究して再発防止の対策をとる問題解決型QCストーリ,②新規業務への対応や既存業務での慢性的不具合などの現状打破のための方策をとる課題達成型QCストーリに加え,③技術はあるにもかかわらずうまく活用できていなかったために生起するトラブル・事故などを防ぐために対策を実施する未然防止型QCストーリがある.それぞれのQCストーリの使い分けについては図2.1を参照されたい.

　なお,既に要因や対策が判明している場合には,即効性と対策重視のアプローチが施策実行型として扱われる[23]が,その適用対象は未然防止と重なる部分も多い.このため,類似の問題の再発を防ぐという重要性を鑑みて,本書では未然防止型を説明する.

　ここで,これら三つのQCストーリのそれぞれについて説明する.

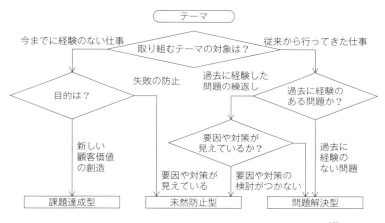

図 2.1 テーマと目的に応じた QC ストーリの使い分け[28]

（1）問題解決型 QC ストーリ[24]

あるべき姿と現状とのギャップ（問題）が発生した場合に，既存のプロセスに対してギャップの原因を追究して，原因を排除するか又は原因が生起しても問題にならないように，既存プロセスを改善するのが問題解決型 QC ストーリである．問題解決型 QC ストーリの流れを図 2.2 に示す．

その特徴は②現状の把握と目標の設定（問題となっている現場・現物とプロセスの観察と分析，データの収集解析と問題の影響の評価），④要因の解析（重要仮説の絞込みと検証，真因の追究）と⑤対策の検討と実施（真因に対する対策の検討）を行うことである．前述のとおり，日常的に繰り返し実施される業務活動において発生した問題への対応にあたって用いられることが多い．

問題解決型 QC ストーリの各ステップでの対応を次に説明する．

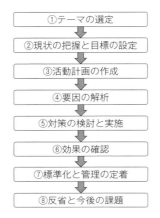

図 2.2 問題解決型 QC ストーリの流れ

(a) テーマの選定

- アウトプットのあるべき姿／基準について定義する．
- アウトプットでのあるべき姿／基準からの逸脱が，①突発型（あるときに突然発生し現状維持が必要），②散発型（散発的に特定の状況で発生し現状維持が必要），③逸脱型（あるときから増加傾向になっており当初の状態への復帰が必要），あるいは④慢性型（慢性的に発生していて現状打破が必要）のいずれであるのかを確認する．①〜③であれば何が変わったのかを，④であれば何を変えるべきかを追究して，生じている問題が"悪化した原因を除去すべき問題"なのか，"あるべき姿に向かって条件を変更していく問題"なのかを識別する．
- 自部門の問題か，他部門との関連の問題か，問題の範囲を識

別する．いずれの場合も他責とするのではなく，自責の問題として取り組む．

(b) **現状の把握と目標の設定**
 ・取り上げた問題の事象と内容と時間的変化，及び関連する工程の確認と技術的特性と管理状態について知る．
 ・問題の顕在的・潜在的ロスと顧客（外部顧客と内部顧客）の不満・迷惑度を知る．
 ・何を，いつまでに，どのような状態にするかの目標を設定する．

(c) **活動計画の作成**
 ・全員参加で協働するように各活動実施の推進役割の分担と責任を明確にする．
 ・各活動計画の各活動は，前後で準備事項と次の活動に向けての実施事項を決めて実施する．

(d) **要因の解析**
 ・仮説－検証型で，なぜなぜを追究し，多様な角度から現場・現物をよく観察する．
 ・5ゲン（現地・現物・現実・原理・原則）主義に徹する．
 ・結果の管理特性と要因との関係の仮説・検証は，どのような状況で，どのような現象が，どのようなメカニズムによって発生したのかについて，理論と経験に基づく検討を深め，4M（材料，機械，方法，人）の良品条件と関連づけて行う．
 ・要因解析では，属性的（計数的）要因は違いを知り，計量的要因は関係を知る．

(e) 対策の検討と実施

- 検証された要因に対して管理者・関連部署スタッフの支援のもとで対策の検討と実施を行う．
- 英知を結集し，発想の転換なども交えて創造的に対策のアイデアを出し，期待効果が大きく，技術的・経済的・時間的に実行可能な案を選定する．
- 対策案実施に先立ち，必要に応じて実験的・試験的に効果を確認する．そこでは，意図しない影響・逆機能が存在する可能性があるという観点から対策案によって変化する要素（変更点・変化点）の影響を評価し，必要があれば予防対策を検討して，対策案の適切性と十分性を評価する．

(f) 効果の確認

- 効果確認計画を策定して，現地・現物・現実で対策の効果確認を実施する．目標を達成する効果が得られない場合には，要因の解析又は対策の検討と実施のステップに戻り再挑戦する．
- 効果が満足するものであれば，改善後の工程への移行計画を策定し，管理者の承認を得る．

(g) 標準化と管理の定着

- 5W1H（What, When, Who, Where, Why, How）で，効果の維持が確実に実現するように，対策実施条件を標準化する．そして管理者主導で，QC工程表，標準書などの必要な改訂を実施し，日常管理で維持管理ができるようにするとともに，適用可能なところに積極的に水平展開をする．

・問題の再発防止のために，作業者の教育・訓練，標準の徹底などを実践する．

(h) 反省と今後の課題

・活動経過（活動のステップ）の反省点を挙げる．

・残された問題点を挙げ，次の改善計画に反映する．

問題解決型 QC ストーリにおける"事実に基づくアプローチ"を具現化したもので，やさしく，いろいろな問題への汎用性が高く，いくつかを組み合わせて使うことで問題の解決につながる手法が QC 七つ道具である．QC 七つ道具は，①パレート図，②特性要因図，③ヒストグラム，④グラフ／管理図，⑤チェックシート，⑥散布図，⑦層別の七つの手法を指し，これらの手法を活用することで，QC 的ものの見方・考え方を実践できる[25]．

(2) 課題達成型 QC ストーリ[26]

環境の変化を先取り，未知・未経験なあるべき状態を規定して，既存のプロセスを前提とせずにあるべき姿を達成できる手段を追求し，成果を実現しようとするのが課題達成型 QC ストーリである．課題達成型の対象となるのは，新規業務，市場開拓，現状打破的改善，プロセス再構築など多岐にわたる．課題達成型 QC ストーリの流れを図 2.3 に示す．

その特徴は②攻め所と目標の設定（ありたい姿の特性の目標と手段系のギャップの明確化とギャップ解消の手段系の攻め所の決定）と⑤成功シナリオの追求と実施（前提制約条件下での成功シナリオの作成と実行計画実施と思わぬ事態遭遇への対応）を行うことであ

図 2.3 課題達成型 QC ストーリの流れ

る．前述のとおり，それまでに経験のない新規業務への対応や，既存業務において慢性的に生じる不具合等，現状打破のために方策を実施する場合などに用いる．

課題達成型 QC ストーリの各ステップでの対応を次に説明する．

(a) テーマの選定

- 新規業務への対応，近い将来の課題など，この先どうするかの設定型課題
- 既存業務の現状打破，魅力的品質の創造など，もっとよくしたい探求型課題

(b) 攻め所と目標の設定

- ありたい姿（テーマのねらいと目的に対する特性の設定と達成に必要な手段系項目）の設定
- ありたい姿に対する現在の姿を把握，及びありたい姿の特性

と手段系のギャップの明確化
- ありたい姿の特性達成のための手段系項目の攻め所の候補立案と決定

(c) 活動計画の作成

(d) 方策の立案
- 攻め所に焦点を当てた方策案の列挙と期待効果評価に基づく方策案の絞込み

(e) 成功シナリオの追求と実施
- 方策を実施するための必要な事項実施手順と前提制約条件などに基づくシナリオの検討
- 期待効果の予測と目標達成可能性評価
- 実施上の障害・悪影響・副作用などの予測評価と事前防止策の検討
- 成功シナリオの絞込みと実行計画の作成
- 実行計画の実施と思わぬ事態に遭遇した場合の対応

(f) 効果の確認
- 目標達成状況の評価,目標未達成の場合の攻め所と方策と成功シナリオの見直しと再構築

(g) 標準化と管理の定着

(h) 反省と今後の課題

課題達成型 QC ストーリでは,今までに実施したことのない相互に関連した要素から構成される複雑な対象の課題を扱うため,言語で表現される定性的データも扱う必要がある.このため,"言語データを図に整理する方法"として構成された新 QC 七つ道具［①

親和図法，②連関図法，③系統図法，④マトリックス図法，⑤マトリックスデータ解析法（数値データ解析法），⑥アローダイヤグラム法，⑦PDPC（Process Decision Program Chart）法］も有効活用すべきである[27]．

（3）未然防止型QCストーリ[28]

品質トラブルや事故の原因は，人に起因するもの，設備に起因するもの，外部環境に起因するものなど様々である．技術・スキルの不足が原因でなく，技術・スキルがあったにもかかわらずうまく活用していなかったことが原因の場合は，"きちんとやっておけばよかった"という後悔をしないように，事前に対策を打っておく必要がある．事前の対策を打っておくことでトラブル・事故を防ぐための改善のステップが未然防止型QCストーリである．未然防止型QCストーリの流れを図2.4に示す．

その特徴は，④改善機会の発見（対策が必要なものの洗い出し）と⑤対策の共有と水平展開（対策案の作成と実施）を行うことである．既存業務において散発的に生じる意図しない異常や設備・機器の故障によるトラブル等を防ぐときなどに適用できる．

未然防止型QCストーリの各ステップでの対応を次に説明する．

（a）テーマの選定

・職場が提供している製品・サービス，あるいは行っている業務をリストアップしたうえで，量とトラブル・事故の起こりやすさを点数づけし，取り組むものを選ぶ．

2.4 テーマに対する改善活動の方法論

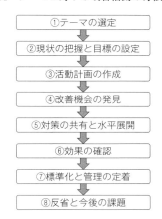

図 2.4　未然防止型 QC ストーリの流れ

(b) 現状の把握と目標の設定

- 選んだ製品・サービス又は業務に関するトラブル・事故の情報を集め，"防ぐ技術があったのか"という点から分類し，あったものとなかったもののどちらが多いかを把握する．
- 防ぐ技術があったにもかかわらずうまく活用できていないために起こったトラブル・事故が多い場合には，人，設備，環境など，何に起因するものが多いか，人に起因するものが多い場合には知識，スキル不足，意図的な不順守，意図しないミスのどれが多いかを把握する．
- 把握した結果に基づいて目標を設定する．

(c) 活動計画の作成

(d) 改善機会の発見（過去の失敗の収集と類型化，起こりそ

な失敗の洗い出し）
- 過去のトラブル・事故の原因となった失敗（人の不適切な行動や設備の故障など）を整理し，失敗モード一覧表を作成する．
- テーマとして選んだ製品・サービス／業務に関する作業手順または設備を，業務フロー図／機能ブロック図を使って書き出し，検討しやすい大きさ（要素）に分解する．
- FMEAを活用し，それぞれの要素に失敗モード一覧表を適用し，起こりそうな失敗を洗い出す．
- それぞれの失敗についてRPN（Risk Priority Number：危険優先順位）を求め，対策の必要な失敗を明確にする．

(e) 対策の共有と水平展開
- 過去に成功した失敗防止対策（エラープルーフ対策や故障対策など）を整理し，対策発想チェックリストや対策事例集にまとめる．
- 対策の必要な失敗に対して対策発想チェックリストや対策事例集を適用し，対策案をできるだけ多く作成する．
- 対策分析表を活用し，対策案を有効そうなものとそうでないものを振り分ける．
- 有効そうな対策案を組み合わせて最終的な案にまとめ，実施する．

(f) 効果の確認
- 対策を実施した後に，適切なデータを収集・分析し，その成果を確認する．

(g) 標準化と管理の定着

- 他の人たちが学べるように活動のプロセスを文書化し，発表する．
- 活動を通して得られた知見を，職場で使用している作業標準書／技術標準書，対策発想チェックリスト，対策事例集，失敗モード一覧表，FMEA などに反映する．
- 対策が不十分なものは，継続的な監視・検討が必要なものとしてわかるようにしておく．

(h) 反省と今後の課題

- 活動を振り返り，今後の活動に活かす．
- 活動を通したメンバの能力向上・成長を評価する．

未然防止のための手法としては，①失敗モード一覧表，②業務フロー図／機能ブロック図，③ FMEA（失敗モード影響分析），④ RPN（危険優先指数），⑤対策発想チェックリスト，⑥対策事例集，⑦対策分析表 の七つが提唱されている．

2.5 全員参加とサークル会合

サークル会合とは，QC サークル活動において，管理・改善の対象となる問題に関する情報の伝達・交換と共有，テーマの検討と決定，管理・改善の活動の進め方と役割分担，各活動の報告・検討と課題の共有，活動の展開など，話合いによって管理・改善活動などを具体的に行う場のことである．

QC サークル会合の実施にあたっては，会合に全員が参加できる

ように，メンバの時間的・心情的な障害・障壁を取り除かなければならない．よって，QC サークル活動に参加するメンバ全員が，このサークル会合の意義に納得できるように，まず QC サークル会合の意義と QC サークルの基本の理解を得るための教育・訓練を活動の開始に先立って行い，QC サークル活動の理念，所属組織にとっての QC サークル活動の意義を知ってもらうとともに，QC サークル活動がメンバによるメンバのための主体的活動であることに対して同意と納得を得る必要がある．最初の会合で各サークルのメンバに QC サークルの基本について理解・納得してもらうための話合いを行ったうえで，メンバ全員が参加できるように会合を計画的に開くことができるように調整するのが望ましい．ただし，まずは参加して会合を体験するようにすることが重要である．

QC サークル本部は，「新版 QC サークル活動運営の基本」で QC サークル会合の意義を次のように説明している[8]．

(a) メンバ全員の連帯意識を高める

話合いによって，各メンバの考え方を知って，メンバ全員が目指すところを一つにまとめ，納得する行動を決める．

(b) 役割や主題を決め確認する

会合の場で具体的な役割分担や宿題を決め，それを果たすことで全員が協力体制を確実なものにする．

(c) 知恵（アイデア）を寄せ合う

メンバ全員で考え，話し合うことで，より一層の知恵を引き出すことができ，自信を深める効果がある．

(d) メンバの心のふれ合い

話し合って活動することによって，メンバの喜び，楽しみ，悔しさといった感情が共有され，メンバ全員の心のつながり，結束を強め，協力して困難を乗り越えようとする意欲が創出される．

(e) リーダシップを高める

会合はリーダシップを高めるのに有効な場であり，リーダのみならず次期リーダ候補者もリーダシップを学習し体得できるようになる．

(f) 自己啓発，相互開発の意欲を高める

会合で「QCサークル」誌を輪読したり，その内容について話し合ったり，他のメンバに紹介したりして，お互いに刺激を与え合うことで，自己啓発，相互啓発が促進される．

QCサークル会合は，一般的には，曜日と時間を決めて，30～90分程度で開かれる．メンバが会合に参加できるようにするために，職制上の業務との調整が不可欠であり，リーダは管理者の理解と支援のもと，勤務時間内で会合時間と会合場所を確保する．また，朝・夕を利用した5～10分の連絡会，就業後の会合，休日の利用など，職場の実状に合わせた工夫がなされている．資料や参考書などを備えた"QCサークルコーナ"や"QCサークル憩いの広場"のような場所が設置されていれば，会合はその場所で行えばよい．そのような場所がない場合には，職場の特質や会合の目的に応じて，社内であれば，現場，自分たちの職場で実施できる場所，会議室，職場の片隅，食堂，広場などを利用し，社外では，研修所，保養所，野外のレクリエーションや親睦会の場などを利用するとよ

い．なお，会合開催日の1週間前には場所を確保し決定しておく必要がある．

　そして，やむを得ない事情で所定の会合に参加できないメンバは，その理由を明確にして，事前にリーダに連絡するとともに，連絡メモ，活動掲示板，イントラネットなどに，議題に関連した事項に対する意見，確認した事実，宿題で実施した事項と結果などを記すことによって不在参加するようにすべきである．会合はメンバの相互信頼を深めることを前提にしているので，会合への参加は，メンバの基本的義務であることの共通認識と自覚が必要である．

　会合では，形式的な時間参加だけでなく，メンバが各人の役割を理解し積極的に役割遂行するようにする．それは各人が会合で依頼された宿題を真摯に受け止め誠実に実施するとともに，会合で積極的に発言し，盛んな議論をして，活動の展開に積極的に関与することである．

　リーダが会合の司会を担当し，相互補完的に各人の特性を活かし，グループで納得のいく議論と関連事実の確認ができるようにするとともに，メンバ全員が発言しやすい雰囲気づくりを意識して仲間の絆が深まるようにすべきである．そして会合の前後のみならず，日頃からメンバは互いに挨拶をするとともに，短い会話，雑談などで気楽に話合いのできる雰囲気を醸成するよう心がける．これらのことは，優れたリーダであっても最初から実施できるわけではない．リーダには会合を学習の場としてリーダシップを培うことが求められるとともに，メンバには会合がサークルの成長と各人の成長の場としてメンバシップを体得していくことが求められる．

また，限られた時間での会合であることから，各会合の開始までに，会合の議題と会合までに各人が実施すべき事項を明らかにしておくとともに，発言メモ，イントラネット上での意見と宿題の開示など，多くの意見と関連事実が事前に収集され，公開される必要がある．加えて，リーダと活動分担者は，これらを整理し議論が盛んになるように準備すべきである．

会合での討議の結論を導き，結論が得られたところで，討議の内容，経過を要約し，結論を確認する．そして次回の会合予定と次回までの宿題を確認し，会合後には必ず会合記録を作成し，メンバ全員で共有するようにする．効果的な会合とするためには，会合記録の内容をメンバがきちんと把握・共有し，次回会合までの活動を適切に行う必要がある．メンバは宿題を実施するために現地・現物の観察や関連データの調査が必要であるし，必要に応じて管理者と関連部署スタッフの支援を得る必要もある．そこでは，メンバによるリーダと管理者への報告・連絡・相談が重要となる．

さらに，各会合の最後に，①目的に沿った討議がなされたか，②メンバ全員が積極的に発言したか，③全員が発言できるようにしたか，④全員の意見が活かされたか，⑤個人的な感情に走ることはなかったか，⑥時間どおりに進められたか，⑦参加者は満足しているか，⑧価値のある結論が得られたか，などについて評価し，不十分な点があれば反省し，次の会合に役立てる．

創造性豊かな QC サークル活動の実現に向けて

"現場を信じ，現場の知恵を使い，現場に頭を戻した" QC サークル[2]であるためには，サークルの一人ひとりの個性，能力，可能性を尊重し，一人ひとりが"なくてはならない"存在として，全員参加で持続的に創造的な改善活動を実践する必要がある．

創造性（創造力）は，一般には，次の要件を満足するものとして規定される[29]．

① 既存の知識や技術から大きく飛躍した，まったく新たな知識や技術を生み出すこと
② 断片的なアイデアではなく，体系的に構成された知識や技術を生み出すこと
③ その知識や技術が人間の社会生活上の価値をもち，しかも再利用可能なこと，普遍的に応用できること

しかし，QC サークル活動に期待されるのは，創意工夫を発揮する普通の創造性であり，サークルメンバの創造性，QC サークルの創造性，企業にとっての創造性であることに留意する必要がある．ある人にとっては創造的であっても，他の人にとっては既知であったり，ある QC サークルにとっては創造的でも，他の QC サークルでは既に経験済みのことであったり，ある企業にとっては創造的であるとしても，他の企業にとっては既に具現化されていることであったりするのが現実である．したがって，他との比較で創造性を求めることは，創造的活動への意欲を削ぎ，創造性と成長の芽を摘むことになりかねないことから，注意が必要である．

2.6 創造性豊かな QC サークル活動の実現に向けて

　定型的業務で，与えられたことを与えられた手順どおりに実施するうえで，それを順守するための工夫は大切である．ただし，これだけでは必ずしも創造的活動を実施することにはならない．定型的業務から離れて，QC サークル活動において新たな経験と可能性に挑戦し，自己主張して可能性を発展させる中で創意工夫する姿勢が育まれるのである．

　QC サークル活動においても，創造的な活動は，創造的な組織風土があり，創造的な人がいて，創造的な活動のための支援体制が整備されているところで促進される．創造性が創造性を呼ぶことで，創造的な成果物を継続的に生み出す可能性が高くなるのである．容認，同意，自由，発展，激励，信頼，可能性の肯定と積極的評価，関心，感動，プラス思考，粘り強さなどが創造性を促進するのに対して，拒否，反対，制限，脅威，不信，可能性の否定や消極的評価，無関心，無感動，マイナス思考，固執などは創造性の発揮を阻害しかねない．

　QC サークル活動において創造性を促進するには，次のような事項に配慮する必要がある[30]．

(a) 環境との相互作用

　QC サークルの創造性を促進するためには，社内外での交流・発表・見学の場，QC サークル誌の購読，関連分野の知識・技術の学習，環境変化の動向と予測など，環境との相互作用による環境からの刺激を得る必要がある．

(b) なることへの強い姿勢

　創造的であるためには，単にあること（being）ではなく，なる

こと（becoming）への強い姿勢が不可欠である．安易な満足，感覚的刺激，慰安のみを強調する文化は創造性を促進しない．楽でなく，緊張感をもって困難に挑戦し，達成感を実感できる場にしていくことが重要である．

(c) 創造的活動から疎外された人への創造的活動の機会

例えば，補助者や新入社員だからという名目で，本人の能力，関心，意欲などとは無関係に，過保護，甘え，序列，過小評価，押しつけなどが慣例的かつ日常的に行われていることは，創造的な活動から疎外されている状況であることを意味する．QCサークルは，女性，パート・派遣・嘱託社員，若者など，創造的な活動が制限されている人に対しても，主体的に創造性を促進する絶好の場となり得る．

(d) 抑圧的な状況からの解放

第一線の定型的業務には，単調な維持管理的な活動が多く，うまくいって当たり前で失敗が許されず，制約が厳しいなどの状況が見られ，場合によっては職場が懲罰的かつ抑圧的な状況になる可能性がある．QCサークル活動は，人々をそうした状況から解放し，創造性に対する刺激に満ちた場を提供することも少なくない．

(e) 異文化からの刺激

文化やシステムは固定化し保守化する傾向がある．しかし，異文化から新しい刺激を得たとき，資質のある人は，創造的統合性を増大させる．経験豊かなベテランと新鮮な発想の若手とのペア活動は，技術・技能の伝承の機会となるとともに，新技術の導入・活用と現状打破を促進する．立場と価値観が異なる人から構成される

部門横断的 QC サークル,関連部署の専門スタッフの支援活動なども,創造的活動を促進する.

(f) 異質性の尊重

女性や外国人など,少数派が同化吸収されるのではなく,すべての少数派がそれなりの存在基盤をもち混在していることは創造性に有利な条件である.QC サークルが創造的であるためには,多様な見方に寛容となり,独創的で多様なものすべてに対して注意深い配慮を払わねばならない.

(g) 集団の相互作用

QC サークルは,創造性を発揮するメンバが相互に影響し合うことによる相乗効果によって,非凡な結果をもたらす集団の相互作用の場に成長する可能性がある.

(h) 動機づけと褒賞

創造性に対する最大の褒賞は創造性それ自体である.しかし,実際問題としては,達成感を強化し,創造性への取組みを促進するためには,外的誘因と褒賞によって動機づけを強化し,創造性に対する評価の高さを認識できるように社会的承認の場と方法に対する配慮が必要である.

また,QC サークルの創造性を促進していくために,管理職は次のような役割を遂行していくことが期待される.このとき,肯定的な"創造性を育てる言葉"と否定的な"創造性をダメにする言葉"に留意すべきである[31].

① 火付け役になる:管理職は広い視野に立ち目標を明確にす

る．そのうえで，とにかくやらせて，発揮する側自身で考える力を喚起させ，成功体験をさせる．

② 一緒になって挑戦する：管理職は経験に固執せず，権威・権限を振りかざすことなく，発揮する側の保守性には妥協しないで，一緒になって挑戦させる．

③ 職場づくりとこまめなフォローを行う：個人の特徴を最大限伸ばすために障害物を取り除き，大胆な行動とともに緻密な計画をもって支援する．

④ きちんと評価する：ほめることを怠らず，積極的に発表や自己・相互啓発の機会を与える．

しかし，創造性を促進する要因は，人の創造性に影響を及ぼすだけであって，それ単独で創造を生み出すわけではない．創造の基本は，一人ひとりの創造的な心的状態（意欲，能力，精神的活動）である．創造的な人は，通常の人が看過する傾向にある"偶然"にも強い関心を示し，利用可能なあらゆる手段を積極的に有効活用しながら，"偶然"をも研究対象として，積極的意味を求めていこうとする．創造的な人は，"こうすることになっている"，"こうしていた"といった前例主義的行動，"仕方ない"，"こんなもの"といったあきらめ行動や根拠も確認しないまま既成概念から"こうなっている"，"こうだ"と決めつけることなく，新しい経験に積極的に挑戦しようとする．創造的体験の根底にある主な動機は，周囲の世界と関係をもちたいという人間の自然な欲求である．創造的体験に導く出会いの本質は，出会いの際の心そのものや，注意・思考・感情・感覚が開かれていることにあり，QCサークル活動において

も，各メンバがそのような姿勢で臨むことができるような場の創出を目指す必要があるのである．

第3章 組織論と動機づけ理論からのQCサークルの再考

3.1 QCサークルの組織理論的考察

　米国の実業家で経営学者である C.I. バーナードは"組織は，相互に意思を伝達できる人々がおり，それらの人々は貢献しようとする意欲をもって行為を行い，共通の目的の達成をめざすときに成立する．…(略)…組織の生命力は，協働体系に諸力を貢献しようとする個人の意欲のいかんにかかわっており，この意欲には，目的が遂行できるという信念が必要である．…(略)…意欲の継続性はまた目的を遂行する過程において各貢献者が得る満足に依存する"[32)]としている．組織におけるいかなる小集団も，公式組織か非公式組織かを問わず，組織のサブシステム（部分組織）である．組織のサブシステムである小集団は，自律した全体であると同時に小集団が属する組織に貢献する従属部分であるというホロン性（Holon：全体であり部分である性質）を有し，自律と統合が両立する[33)]．また，小集団に属する各人も，ホロン性を有し，自律した全体であると同時に，全体に貢献する部分であり，自己主張と統合が両立する．

　組織の構成員と同様に，QCサークルメンバも使命と目的の達成，つまり，QCサークル活動の基本理念の実現と設定したテーマの解決に向けて協働する意欲があることが活動の前提となる．QC

サークルメンバは，所属する公式組織における職制活動のみならず，自律的な QC サークル活動に対しても協働の意欲をもたなければならない．各人が組織の構成員となり，組織を離脱しない要件は，各人が組織から得られる誘因と各人の組織への貢献とのバランスがとれていることである．一般に QC サークルが属する組織の誘因は，賃金，地位，職務，職場環境（物理的・精神的環境），遂行業務，組織の社会的評価などであり，構成員は業務遂行によって組織に貢献し，その貢献に応じた誘因の提供を期待することになる．主観的な自己評価の高低にかかわらず，QC サークルで実際に提供された誘因に不満足な QC サークルメンバは活動に不参加又は非協力となる傾向にあり，活動が停滞する可能性は高くなる．ところが，満足か不満かは，要求水準と実績水準との相対的関係によって決まる．要求水準は社会文脈依存的であり，組織文化の影響を強く受けるとともに，評価者の主観で設定される傾向にある．業績もまた，主観で評価される部分を残している．

　組織文化は，構成員に内面化され共有されたものの見方，価値観，行動規範であり，組織と集団の問題に対処する仕方を動機づけるもので，経営理念，構成員の過去の成功・失敗体験と日常活動の経験，組織内の相互作用，経験の集積と伝達，神話，経営者・管理者の言動，行為・状態・人の評価など，現実に観察される具体的制度や行動様式から観念的あるいは制度的に選択され構成されたものでもある．

　QC サークルメンバの場合，所属組織の構成員としての立場と比較すると，経済的社会的な誘因は曖昧かつ明示的ではなく，暗黙的

に感知され，受容されるものである．また，その誘因に対する評価は，心的状態（能力，意欲，欲求）などの個人状況に依存するものであり，QCサークル活動に対する関心・関与によっても変化する．例えば，QCサークル活動が，非正規社員の正規社員登用評価，監督者・管理者候補者のリーダシップ評価，各メンバの協調性と学習能力などの評価の場になると感知されれば，該当者は協働の意欲を強くもって活動に関与するようになる．また，QCサークル活動が，目的を共有し，各人の個人的特性を活かし，相互補完的に苦楽を共にし，信頼と絆を深める機会となるとメンバに感知されれば，メンバは協働の意欲をもつと期待される．

また，"わかっている"と"実施している"ことは本質的に異なる．"まずQCサークル活動を実践してみる"ことが必要であり，他者の眼と観客の存在を意識する社会促進現象が効果的に機能するようなQCサークル活動の見える化と報告・発表が実施されるべきである．

QCサークルのリーダとメンバが協働の意欲をもつようにするためには，"QCサークルの基本とQCサークル活動運営の基本の教育"，"QCサークルのQCサークルによるQCサークルのための活動の実践"，"まずQCサークル活動を実践してみる"，"QCサークルの登録とQCサークル活動の報告・発表"といった点が鍵となる．

3.2 QCサークル活動における動機づけ

　第1章で述べたように，QCサークル活動は，自主的運営によって，創造性を発揮し自己啓発・相互啓発をはかりながら活動することを基本にしている．QCサークル活動の理念である"人間の能力の開発と無限の可能性の発現"及び"人間性尊重と生きがいのある明るい職場づくり"は，サークル活動を実践する人々のためになるはずであり，"企業の体質改善・発展への寄与"は，人間のホロン性からして，QCサークル活動を実践する人々にとって矛盾しないだけでなく，人間の健全な欲求の充足となるはずである．

　その意味では，QCサークル活動は，人間の尊厳と個々人の存在が尊重され，個性を活かして能力が開発され，組織への貢献が自他ともに認識・評価・承認され，全員参加と達成感を実感できる活動とすべきであり，実践と継続には動機づけが重要である．QCサークル活動は，次に説明する動機づけの基本となる人間の欲求の著名な諸説とも整合性がある[34]．

(1) マズローの欲求階層説[35]

　マズローによれば，欲求には階層があり，図3.1に示すように，その階層は①生理的欲求，②生理的・物理的・社会生活上の安全性の欲求，③所属と愛情への欲求，④自尊と他尊への欲求，及び⑤自己実現の欲求から構成される．そして，下位の階層の欲求が充足されると上位の階層に対する欲求が相対的に強くなるというように，これらの階層は絶対的ではなく相対的であるとしている．

図 3.1 マズローの欲求階層説

ただし,欲求の階層は一方的に上昇するものではなく,社会的文脈に依存したものであり,欲求のウェイトは状況と人によって異なることに留意する必要がある.

それでは,このような欲求階層説と QC サークルとはどのような関係にあるのだろうか.例えば,QC サークルの意義としては,次のような点が挙げられよう.

① 職制上の定常的業務遂行と関連した問題・課題の改善を通じて,第一線の仕事の生産性向上・付加価値向上に貢献することができる.

② 環境変化に対応できる能力を向上させることによって,非正規社員の正規社員への登用など,必要な人財となって自らの生活を安定・向上させることができる.

③ 職場の事故や負傷のゼロ化や危険性の除去,重筋肉労働の

改善やエルゴノミクス改善,じんあい・騒音・照明などに関する職場環境の改善などを促すことにより,安全で健康的・衛生的な生活を自ら守ることができる.

④ リーダとメンバが自律的集団として改善活動をすることによって,顧客と社会に対する関係性を高めるとともに,仲間意識と相互信頼関係が育まれ,所属と愛情への欲求を充足できる.

⑤ 粘り強く,科学的かつ創造的に改善を実践し,達成感を実感し共有することによって,自分たちに誇りをもてるようになるとともに,報告・発表会などによって,活動と成果に対する社会的承認を実感する機会が与えられる.

⑥ QC サークルと QC サークルメンバが,活動を通じて成長することができる.

これらを踏まえると,QC サークルは,メンバが主体的に求めさえすれば,職制上の定常業務遂行だけでは充足できない五つの欲求すべてを充足する機会を創出することができるといえよう.特に,階層上位の③〜⑤の欲求の充足の機会の創出は,QC サークル活動の特徴であるといえる.

(2) アージリスの自己実現モデル[36]

米国の行動科学者で経営学者でもある C. アージリスは,組織の欲求と個人の欲求との融合・統合の自己実現モデルを提唱している.アージリスによれば,精神的緊張こそが心理的やりがいをもたらすために,個人と組織の不適合は挑戦の基礎となる.個人と組織

の不適合は，成長を強化し，組織を発展させるのであって，心理的に健全な個人は成長によって自己実現する．

QCサークルは，このような自己実現モデルとも親和的である．QCサークル活動の基本理念で表明されているように，QCサークルは，組織の合理性（目的と効率）追求と個人の欲求充足との融合・統合の場である．その融合・統合を実現するには，QCサークルの"精神的緊張こそが心理的やりがいをもたらす"という心構えが大きな役割を果たす．QCサークル活動の活性化には，精神的緊張を（ある意味での）恩恵として楽しむことができるかどうかが鍵となる．精神的緊張を回避し，楽をして結果だけを求める状況に陥らないようにすることが肝要である．

(3) マグレガーのX理論とY理論[37]

同じく米国の心理学者・経営学者であるD. マグレガーは，欠損動機に基づく人間観をX理論とし，成長動機に基づいて自己実現を目指して行動する人間観をY理論としている．

X理論では，人の性質・行動に関して次のような点が基本的了解になっている．

① 普通の人間は生来仕事が嫌いで，できることなら仕事をしたくないと思っている．

② このように仕事を嫌う人間の特性があるため，たいていの人間は，強制されたり，統制されたり，命令されたり，処罰すると脅されたりしなければ，企業目標を達成するために十分な力を出さないものである．

③ 普通の人間は命令されるほうが好きで，責任を回避したがり，あまり野心をもたず，何よりもまず安全を望んでいるものである．

これに対してY理論は，人間行動を次のように規定している．

① 仕事の際に心身を使うのはごく当たり前のことであり，遊びや休憩の場合と変わりはない．人間は生来仕事が嫌いだということはなく，操作可能な条件次第で仕事は満足感の源にもなり，逆に懲罰の源とも受け取られる．

② 外から統制したり脅かしたりすることだけが企業目標達成に向けた努力をさせる手段ではない．人は自分で進んで身を委ねた目標のために自分にムチ打って働くものである．

③ 献身的に目標達成に尽くすかどうかは，それを達成して得る報酬次第である．報酬のうち最も重要なものは自我の欲求や自己実現の欲求の満足であるが，企業目標に向かって努力すれば直ちにこの報酬にありつくことが可能となる．

④ 普通の人間は，条件次第では責任を引き受けるばかりか，自ら進んで責任をとろうとする．

⑤ 企業内の問題を解決しようと比較的高度の想像力を駆使し，手練を尽くし，創意工夫をこらす能力は，たいていの人に備わっているものであり，一部の人だけのものではない．

⑥ 現代の企業においては，日常，従業員の知的能力はほんの一部しか活かされていない．

マグレガーは，これら二つの理論のうち，Y理論に基づいてマネジメントをすべきであるとしており，人間の他人に依存する傾向と

自分の人生を自分の力で切り開いていく傾向とを認め，企業の目標と従業員個々人の欲求と目標とを調整・統合する自己統制が必要であることを強調している．

QCサークル活動は，人間が成長し発展する可能性を認め，状況に即応するやり方を強調するY理論の実践であると解釈できる．QCサークルをY理論に基づいて運営するためには，Y理論が適用できる状況の創出と条件整備が不可欠である．その基本となるのがQCサークルの意義に対する認識が確実に共有されていることとともに，上からの押しつけで活動を強制されていると考えるのではなく，自分たちのための自主的なQCサークル活動を運営するという姿勢である．

(4) リッカートの組織における個人の欲求[38]

米国の社会心理学者であるR.リッカートは，組織における個人の欲求が，①個人の価値と重要性を主張し，成長を求め，価値と目標を実現しようとする自我動機，②安定性を求める欲求，③好奇心，創造性，新しい経験を求める欲求，及び④経済動機から構成されるとしている．

QCサークル活動は，成長や自己の価値と目標の実現などの自我動機を充足させ，解雇や地位喪失からの解放をもたらす学習と職場の仲間づくりの機会となることから，安定性欲求の充足可能性を増大させるとともに，好奇心，創造性，新しい経験を求める欲求を充足できる機会を提供しうるものである．ただし，そのためには，QCサークルをサークルメンバ個人の欲求が充足できる場とすべき

であり，各個人の欲求の認識を共有し，可能な限り，欲求充足が可能なテーマ設定と活動の運営を心がけるべきである．QCサークルが互いに人を認め合い，相互信頼と絆を育む集団となるとともに，その運営にあたっては，共通の目標を達成するために新しい経験に挑戦し，一人ひとりが必要な存在として居場所があり，安定性の欲求が充足されるようにする必要がある．

(5) ハーズバーグの衛生要因と動機づけ要因[39]

米国の臨床心理学者であるF.ハーズバーグは，組織が与えることのできるインセンティブを，不快を回避する衛生要因と成長・自己実現を求める動機づけ要因の2種類に区分している．衛生要因は，環境に適合し，環境からの苦痛を回避しようとする欲求と対応しており，動機づけ要因は，一人の個人として，才能を心理的に成長のために使用しようとする欲求と対応している．監督，会社の政策と経営，作業条件，対人関係，給与などは，衛生要因とはなるが動機づけ要因にはならないのに対し，達成，承認，仕事そのもの，責任，昇進，成長などは，動機づけ要因となるとしている．

低次のレベルの人間的欲求に対応する衛生要因は，感知しやすく，また物質的にこれを解消させることが可能である．その一方で，比較的高次のレベルの人間的欲求に対応する動機づけ要因は知性的であり，かつ精神的な要素をもつと考えられる．それゆえ，仕事への意欲を喚起するためには，衛生要因の解消もさることながら，動機づけ要因の付与のほうがより中心的課題であるとしている．

QCサークルは，作業条件の改善，良好な対人関係の構築など，衛生要因の改善にも貢献するが，それ以上にQCサークル活動における責任分担，QCサークルメンバの相互承認と他者からの承認，成長などの動機づけ要因を活動のプロセスと結果で実感できる場である．しかし現実には，QCサークル活動の場は，サークルメンバが自ら求めて獲得したものでなく，企業から提供されたものであるため，過保護的状況又は甘えの構造が生じる傾向にある．そのため，活動の恩恵を実感するのではなく，学校教育の場と同様に，活動を負担に感じて逃避する者が存在することが危惧されることから，機会均等と公平性を確保しながらも，自己責任で前向きに関与させるように，動機づけ要因をうまく活用することが活動の活性化の鍵である．

3.3 QCサークル活動のゲーム的特質

QCサークル活動は，定常的日常業務と異なり，次のような遊び的又はゲーム的な特質をもっている[34]．

① 改善活動は不確実性への挑戦であり，結果が未確定な新規的活動である．

② 選定テーマ，活用手法，役割分担，会合の場所と方法など，変化の高い活動である．

③ 問題・課題の設定や進め方に自由度が与えられており，行動の選択性の高い活動である．

④ 主体的活動が認められており，自らが計画し，行動し，結

果を確認できる活動である．

⑤　活動の基本理念のもとで，価値と事実に対する共通の認識とルールをもつ活動として展開できる．

⑥　状況に応じて役割分担を集団で決定し，全員が必要な存在として，相互補完的な役割を遂行できる．

⑦　精神的緊張感と解放感を味わうことができる．つまり，苦しさも歓びも共に実感でき，チームワークと達成感を共有できる．

⑧　レクリエーションなどの遊びで絆を深める場をもつことができる．

⑨　対策は職制の責任で実施するので，結果に対する最終責任を負う必要がない．

⑩　結果は重要であるが，プロセスを意義のある活動にできる．

⑪　階層・立場をもち込まず，タテではなくヨコの関係で活動を実施できる．

⑫　発表会，大会などで，相対的評価と相互学習の機会が与えられ，自然な競走状態を創出できる．

⑬　観客の存在が活動を促進し，自己成就の機会がある．

⑭　失敗が許容され，可能性への挑戦が認められている．挑戦の機会が多く，やり直しも可能である．

⑮　活動を通じて人間的絆を深めるとともに，出会いに恵まれ，人間的つながりを広げることができる．

⑯　表彰の場を自然かつ効果的に設定できる．

ゲーム的要素の導入・活用は，活動を緊張感のある楽しいものにすると同時に，停滞させないための要件でもある．ゲーム的要素が機能するためには，QC サークルメンバ間の QC サークル活動外でのインフォーマルな交流も重要である．活性化している QC サークルは，決起集会，打上げ会，懇親会，旅行，交流会，学習会などを主体的に実施するとともに，外部の大会，見学会，交流会，研修会などにも積極的に参加している．

なお，スポーツはゲームの典型例であり，スポーツの楽しさを QC サークル活動に積極的に取り入れることも提唱されている．京都大学名誉教授の近藤良夫は，スポーツの楽しさを構成する因子を抽出し，これらを仕事のなかに積極的に取り入れ，これらを活かすことができれば，仕事は現在よりももっと楽しくなるに違いないとしている[40]．また，M.J. エリスは，遊びが個性の実現，享楽感と知識欲を伴った強い学習意欲，発達・成長，変化に対する適応力，覚醒－追求などにもたらす効用について体系的に論じている[41]．

3.4 全員参加の自主管理文化醸成とリーダシップ

QC サークル活動で自主性・自発性・自律性を育むことは，日常業務遂行においても現場力強化においても極めて効果的かつ重要な点である．

日常的業務は，比較的構造化されているものの，制約された合理性の限界があるため，生起し得るあらゆる状況に対して事前に準備することは不可能であり，第一線の人々の状況判断と対応力に依存

しなければならない部分が残る．日常管理を確実に実施するには，例外，異常，変化点に対する気づきと俊敏な対応が不可欠であり，異常と異常の兆候の予知と検知のための日常業務の結果とプロセスの見える化と適切な対応のための知恵の見える化が効果的に実施される必要がある．

日常管理における維持管理には，標準を理解し，標準に従って職務を遂行するスキルとともに，協働する意欲をもって標準を順守する従業員の使命感と責任感が不可欠である．そのために職制主導による人材育成と職場の規律化が行われるが，人間は機械ではなく感情と欲求をもつ社会的存在である．それゆえ，自主的な社会的技術的活動であるQCサークル活動の役割は大きい．ここでいう自主的活動とは，権限を委譲しても責任が残ることを前提とした，無責任な放任ではなく適切なコーチと支援を伴った自律的活動の実践である．

日常管理における異常に対しては，管理者・監督者による指導と職場会合によって職制に応じて迅速に対応する必要があるが，それでも対処できない変化への課題や解消しない問題は多く発生する．このため，変化に適応するための継続的改善が必要となってくる．関係者が小集団（QCサークル又はチーム）を編成して，集団としての効果を発揮するとともに，学習して成長し，達成感を共有するようにすることが求められる．

QCサークルは，使命感と責任感，改善意欲と成長欲求，達成感と共感，スキル，リーダシップとメンバシップ，コミュニケーション能力，承認と誇りなど，問題解決活動を通じて，自主性と自律性

を育み,集団効果を発揮し,現場力を高める集団である.つまり,QCサークル活動は人材育成と組織活性化の場でもある.

ここで述べたことは"モノづくり"の現場に限定されない.外部顧客と内部顧客に直接対応する販売・サービス部門とサービス産業の第一線職場,及びそれを支援するすべての業種・業態の事務間接部門の第一線職場の現場についても同様である.

特に,増加傾向にあるサービス業は,成長の機会は大きい反面,厳しい生存競争が展開されている.サービス業は,医療・福祉,運輸,コールセンタ,ホテルやレストラン,営業,流通などの接客業務に典型的に見られるように,理と情と欲求をもった顧客を対象としている.このような特質をもつ顧客から満足され,信頼されるうえでの重要な成功要因は,自律的で誠意ある現場の人々によるあるべき姿を求める心と職場の力を結集できる現場力である.例えば,"顧客に接触する僅かな瞬間こそが,企業の印象・評価を決定する瞬間(真実の瞬間)である"として,現場スタッフによる臨機応変な顧客本位の意思決定と行動を促す職場環境や組織風土などを創出することが重要である[13].そのためには,自律性と主体性,文脈と事実を観察し解釈できる観察力と洞察力と気づき,及び創造的な対応力を育む場が不可欠となる.そのような場として,QCサークル活動は極めて有効なのである.

また,自主的活動であるQCサークル活動におけるリーダ,メンバ,及び管理者と推進事務局の基本的役割は,それぞれ次のとおりである[8].

リーダは,"耳を傾けてよく聞く(Listen)","状況と人を正しく

評価する (Evaluate)"，"メンバを支援する (Assist)"，"納得が得られる議論をする (Discuss)"，"説得力のある説明・表現をする (Explain)"，及び"適切で迅速な対応をする (Respond)"ことを心がけることに加え，次のような役割を遂行すべきである．

① サークル全員の意見・考え方をまとめ，活動の進め方の方向づけをする．
② メンバそれぞれの実施状況をフォローし指導する．
③ 自らがサークルの中心となり，率先して業務知識，固有技術，QC 手法などを勉強する．
④ リーダの手本を示し，次期リーダを育てる．
⑤ 他のサークルや管理者との話合いの場を多くもち，報告・連絡・相談に努める．

これに対し，QC サークルメンバは，サークルとメンバ自身のために，当事者として次のような役割を遂行することが期待される．

① QC サークル活動に積極的に参加し，活動の役割分担を引き受け，これを実行する．
② QC サークル会合に出席し，積極的に発言する．
③ リーダへの協力，及びサークルの和づくりに努力する．
④ 業務知識，固有技術，QC 手法などを自主的に勉強し，自らの能力を高める．
⑤ 解決したテーマごとに，メンバ全員が交替して発表する．

また，管理者と推進事務局は，リーダと各メンバの多様な欲求を充足できるように，次のような役割を果たすことで，動機づけの側面でも効果的な指導と支援をしていく必要がある．

① 参加を働きかけ，参加しやすい状況を作るとともに，関心あるテーマを設定し，多くの意見や提案が全員から活発に出され，全員が積極的に役割に関与して遂行するような活動を実施していくようにする．そのためには，情熱をもつとともに，互いの意見や提案をよく聴き，事実と目的の共有と盛んな議論を導くような運営の支援に努める．

② 各メンバが必要な存在として役割を分担し，任された役割を着実に遂行できるようにして，責任への欲求を充足させる．そのために，日頃から各メンバの関心と経験などを踏まえて，目的と事実を共有するとともに，任された役割遂行が効果的に実施できるような支援を行う．

③ 困難な課題に挑戦し，メンバが仲間として支え合い達成感と成功体験を共有できるように導く．

④ 互いに認め合い努力をたたえ合う状況を創出するとともに，外部との交流会や発表会参加による承認と学習の機会を多くするよう心がける．

⑤ 各メンバが得意な領域で能力をいかんなく発揮できるようにするとともに，「QCサークル」誌の購読，発表会・交流会への参加などの外部との接触を積極的に行い，メンバ間，ひいてはサークルとしての成長を実感できるような状況を創出する．

⑥ 人間性の尊重と顧客満足を追求し，経済的効果や有形効果だけでなく，他者への眼差しや愛などプロセスから得たものや無形効果をも大切にするような活動に導く．

⑦ 遊び心に寛容で，可能性を積極的に認め合うとともに，積極的に実験的アプローチを行う状況を創出し，創造の歓びを実感できるようにする．

⑧ 競走的要素とゲーム的要素を活動に効果的に取り入れる．

第4章 QCサークル活動の活性化

4.1 QCサークル活動の環境変化と現状

　企業は厳しいメガ競争的環境のもと，顧客の創造と満足を実現する高付加価値製品・サービスの追求だけでなく，内部統制，CSR，M＆A（企業の合併と買収），海外進出・分社化，戦略的企業連携，資金調達など多くの課題に直面している．経営陣が直面するこのような経営課題を前に，日常的に"やるべきことをきっちり実施する"日常管理，小集団改善活動，人材の育成と組織活性化への関心は低下する傾向が否めない．

　こうした状況が，推進者・管理者の QC サークル活動の推進・支援の意欲を削ぎ，QC サークル構成員（リーダとメンバ）の自主的活動の動機づけを喪失させている危険性がある．また，非正規社員・外国人労働の増加，年功序列と雇用保障の破綻，組織スラックの削減（余裕のない職場構成），交替勤務，人口減少と老齢化の人口構造変化，価値の多様化と労働意識の変化，学習機会の多様化など，社会・経済環境の面からも自主的全員参加の QC サークル活動を実施するのが困難な状況になっている．その結果，職場のまとまりが欠如し，技術・技能が低下し，活力が失われている．その一方で，世界的には TQM が普及しており，中国やインドなどの新興国

の台頭もあって，日本企業の強みであった第一線職場の現場力・改善力が相対的に低下する中，我が国の品質と生産性の市場競争優位性の低下が危惧されている．

ただし，日本のすべての企業において QC サークル活動が停滞しているわけでは決してない．QC サークル大会への参加企業から類推すると，業績がよく，競争優位な企業では，むしろ小集団活動は活性化しているように見受けられる．しかも，業務一体化の活動，柔軟な小集団の編成と活動，経営者・管理者の関与，幅広い部門・新しい領域での QC サークルの普及・拡大，運営の工夫，適用手法の自由化など，小集団活動にも変化の兆候が現れているともいえる（図 4.1 参照）．

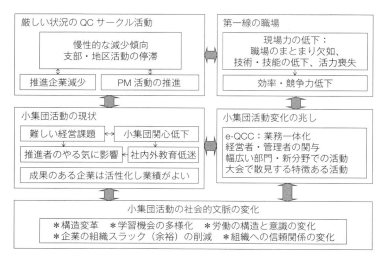

図 4.1 小集団活動の現状と課題

しかし，教育予算が削減され，組織における小集団活動活性化の機運が低下すれば，せっかくの希望の芽も摘まれ，組織活性化と人材育成の有効な場であるはずの QC サークル活動を十分に機能させることは困難になる．不確実で厳しい経営環境においては，基本を大切に，変化に柔軟に対応するとともに，機会を探索し果敢に挑戦して自己変革しなければならないが，QC サークル活動も，本質を確認し，"大切にして守るべきこと" と "変化すべきこと" を明確にして，厳しい環境への適応的対応を実施しなければならない．

また，本部・支部・地区組織による全国的普及・相互啓発活動は QC サークルの特徴の一つであるが，残念ながら慢性的停滞状態にある．QC サークル本部は，QC サークル指導士資格制度の制定，QC サークル活動の普及拡大と活性化に向けた活動（福祉・医療領域への普及，中堅・中小企業及び政府・自治体への普及，経営者フォーラムの実施，事務・販売・サービス部門の全国選抜大会開催など）を実施したこともあって，全国大会の参加者数の減少傾向には歯止めがかかっている．しかし，まだ大幅な増加を期待できる状況にはない[21]．支部・地区活動においては，運営の時間的・財政的負担の軽減，関係企業への働きかけなどの改善努力を行ってはいるものの，まだこうした努力が支部長・地区長・幹事の担当会社数の増加に結びついてはいない．また，魅力的活動のために各方面で現実的対応に力が尽くされているにもかかわらず，大会，研修会，運営委員会などの行事数と参加者数も大幅な増加傾向が期待できる状況には至っていないのが現状である．

4.2 QCサークル活動活性化に向けての取組み

繰り返しになるが，QCサークル活動を活性化するためには，QCサークルメンバが納得して自律的に活動を展開できるようにする必要がある．そのためには，次のような点を意識して活動を実施することが有効であると考えられる．

(1) "まずはやってみよう"が前提

QCサークル活動の基本条件は，日常的業務遂行活動のそれとは全く異なる．したがって，QCサークルの基本的意義と運営の基本について理解したうえで，まずはQCサークル活動を体験してみて，そのことを通じて，観念的ではなく現実的に，QCサークルメンバとしてのニーズを吟味し，どのような活動にしたいかを追求できるようにする必要がある．改善が組織文化になっていて，QCサークル活動が継続的に活性化しているトヨタの行動規範は，"まずはやってみよう"というものであり，この姿勢を多くの社員が共有している[42]．有効なQCサークル活動の方法は，知識・意識の変革により行動の変化を期待するのではなく，まずは行動の変化を余儀なくさせる状況をつくり，そのことを通じて，行動ひいては知識・意識が変わるように仕向けることである．

(2) "実践する人のためになるかどうか"を考慮

QCサークルは，第一線職場のグループとして自主的な協働をすることによって，心理的エネルギーを高め，ヒューマンネットワー

クとマインドネットワークを形成できるとともに，職務充実と職務拡大の機会を提供することができるものである．自分たちのために，自ら選択した活動をすることができるとともに，グループの仲間に支えられながら，必要に応じて管理者や関連部署スタッフの支援を受けることもできる．また，QC サークル活動は定常的業務を離れて，心理的揺らぎを創造し，新たな可能性に挑戦する機会ともなり得る．これらのことは，QC サークル活動がサークルメンバの成長に資する活動となり得ることを意味している．QC サークルは，実践する人のためになる活動を実施すべきである．

"実践する人のためになる活動"とは，個々人が関心をもつ活動であるとともに，個々人の能力と特性が活かされ，相互補完的な関係のなかで互いに認め合うことにより，個々人が認められ，活かされる活動を意味する．

このような未経験の領域での改善活動体験を通じて，新たな知識の体得や経験の蓄積，関係者との相互作用などが促され，その結果，個々人とサークルの能力が開発され，成長することが期待される．活動にあたっては，①人間の尊厳と人間性の尊重を基本とすること，②組織への貢献を共通目標に管理者の関心と関与があるテーマを設定すること，③管理者の指導・支援を得られる活動を実施すること，④メンバが達成感を得られる活動であること，などに留意する必要がある．なお，①で掲げた"人間の尊厳"とは，一人ひとりがかけがえのない存在として，人間の人格を尊いものと認めて敬うことであり，"人間性の尊重"とは，人間のもっている考える能力を最大限尊重することである．

(3) ゲーム的要素の積極的活用

QCサークルによる継続的な改善活動を実践するためには，活動が停滞ないしマンネリ化しないように，第3章（3.3節）で述べたような動機づけが効果的に機能するゲーム的な要素（スポーツの楽しさの因子）を導入・活用するのがよい．事実，QCサークル活動の活性化にあたり，ゲーム的要素を活用できる部分は多く，具体的には，次のようなことが挙げられよう．

① 価値（目的，あるべき姿，制約条件）と事実（活動の結果とプロセスの見える化，観察された事実，データ）の共有
② 環境と技術の不確実性への挑戦による改善（やってみなければわからない未経験な領域で，まずはやってみる）活動の実施
③ 改善に必要な標準で制約されない自由度の高い行動の自主的な選択と実施（自由裁量，権限委譲）
④ 失敗／試行錯誤が許容される活動の実施（変化の導入と新しい刺激，好奇心と新たな経験）
⑤ 一人ひとりの顔が見えるグループ活動（人間性の尊重，相互補完的な協働，チームワーク，個を活かし集団効果を発揮，自己主張と統合）
⑥ 発表の場と観客の存在（社会促進現象，緊張感）
⑦ 競走と表彰（小集団間で競争ではなく競い合って成長，会社間では競争に勝つ活動，相互学習，社会的承認と自尊・他尊）
⑧ 結果とプロセスの意義（組織・社会への貢献，達成感と充

実感,個人の成長とグループの成長)

これらのゲーム的な要素を活動にうまく取り入れることにより,活動の停滞やマンネリ化は避けられるとともに,活動の成果もより一層高まるであろう.

(4) QCサークル活動の見える化

早稲田大学商学学術院教授の遠藤功は,"見える化"を現場力の中核となるコンセプトとして再構築した.遠藤は,見える化の本質と意義について,企業活動上のあらゆる問題や事象を顕在化させ,'視覚'に訴えていくことこそが見える化の本質であり,組織としての自律的な問題解決能力である現場力を高めるために見える化が必要なのであると説く[43].

見える化は,効果的改善活動のために,見るべき人が見るべきことを見て関係者で共有することである.QCサークルの改善活動においても,あるべき姿を知る,現実を知る,あるべき姿と現実との乖離を知る,要因を知る(仮説と検証が見える),解決の手段(対策)を知る,対策の有効性を知る,といったことが重要であり,これらの見える化が確実に行われる必要がある.

見える化の役割には,

① 情報の共有化:あるべき姿と目標,不具合事象(発生の状況と現象),不具合発生工程(不具合発生工程の5Mの状態),活動の計画と実施状況,活動の結果,活動の進捗状況と目標達成状況など

② 維持・改善の着眼点と問題の見える化:行動規範,原理

原則，ものの見方・考え方，方向づけと優先順位，5S / ECRS / 良品 4 M 条件，段取り改善のポイントなどの維持・改善の着眼点，ロス，ムリ・ムダ・ムラ，不具合マップ，エフ（絵符）付け・エフ取り，合いマーク，アンドン，不具合の現物・写真・映像などの問題の見える化

③ 透明化：情報の開示，設備の見える化，工程の見える化，経営者・管理者のリーダシップとコミットメントなど

④ 行動の適切化：やるべきこと・きっちり実施したことの見える化，不正・隠蔽・粉飾などの見える化と予防

⑤ ナビゲーション：作業のナビゲーション，情報検索・処理のナビゲーションなど

⑥ 改善活動の実践と活性化：改善のアプローチの見える化，関係者の意見と会合での議論と結論（議事録と宿題）の見える化，各メンバの役割と遂行状況の見える化，個々人とサークルの成長の見える化，改善活動のプロセスと成果の見える化

などがある[44]．

見える化について考えるにあたり重要なのは，見える化はそれ自体が目的なのではなく，あくまでも目的のための手段であるということである．したがって，"見てどうするか"，"見せてどうするか" までを視野に入れておく必要があり，①認識する，②注意を喚起する，③意識を変える，④行動を変える，⑤①～④を通じて結果を変える，という一連のプロセスの中に見える化を位置づける必要がある．

QCサークルの自律的な改善活動においても，この見える化は不可欠である．見える化は，QCサークルのリーダとメンバ，及び管理者・事務局などの関係者に迅速で適切な行動と成果をもたらすための有効な手段であるといえよう．

4.3 QCサークル活動理念の現代的意義とその実現に向けて

　企業を取り巻く環境が今後とも変化し続けるのは確実であり，生きものとしての企業，QCサークル及び個々人は，社会的存在として環境変化に適応していくことが存続と成長の基本要件である．QCサークルが，会社にとってもQCサークルメンバにとっても，企業活動と職場での社会活動における重要な場として有効に機能するためには，QCサークルも環境変化に適応し，QCサークル活動の基本理念を実現する活動が継続的に実践される中で，深化し進化する必要があるのである．その点を踏まえると，今こそQCサークルの現代的意義を吟味し，普遍的なQCサークル活動の基本理念を今後とも実現し続けていくような取組みが必要であるといえよう．ここで，QCサークル活動理念の現代的意義を確認する．

(1) 人間の能力を発揮し，無限の可能性を引き出す[7]

　人間の集団である組織の競争優位の源泉は，人的資源である．人は"考える葦"であり，学習し成長する．今日の活動の源泉は過去の活動における学習の蓄積・活用であり，今日の活動が明日の活動の源泉となることはいうまでもない．人間の能力の開発と発揮

の根底にあるのは，承認（自尊・他尊），成長・自己実現を求める人間の健全な欲求の充足である．第1章でも述べたように，厳しい競争下では微小の差の影響が大きく，不確実でダイナミックな環境変化のもとでは，環境適応のスピードと創造的な改善・変革が重要であり，より効果的でスピーディな組織学習と創造力を含んだ能力発揮が行われなければならない．QCサークル活動は，このような人間の能力発揮の場として最適な活動である[7]．QCサークル活動における学習の対象には，知識・技術・技能だけでなく，モノの見方・考え方・基本的理論，及び生き方・働き方・学習姿勢・社会性・他者への配慮なども含まれる．そのため，QCサークル活動は，働くことの意味を見直し，人間として成長する機会でもあるといえる．

また，現在，働く人のダイバーシティ（多様性）への対応が課題になっている．これは，W.R.アシュビーの"複雑な（多様度の高い）環境に適応するシステム（組織）は，環境と同等以上の複雑性を内包しなければならない"という"最小多様度の法則"[45]として説明されるように，複雑化する処理対象に対して，異質集団の多様性が複雑性への対応力を強化させ，揺らぎによる創造的変革を可能にすることにある．その意味では，QCサークル活動でも，多様性を積極的に活かすテーマと活動の運営の方法に配慮が必要となっている．

加えて，非正規社員，女性，高齢者の能力の発揮の場の創出と能力開発も緊急課題になっている．

あくまで個人差はあるものの，女性は労働力としての側面だけで

なく，消費者としての側面や，家族や地域に密接にかかわる生活者としての側面を男性よりも比較的色濃くもっている．彼女らが多様な感性・発想と能力を活かして，組織に異質な文化をもち込むことにより，組織の環境への適応力が高まることが期待される．それゆえ，組織における女性の能力の発揮の場の創出と能力開発は，ダイバーシティへの対応という文脈からも検討される必要がある．女性が生き生きと活躍できる組織づくりは，女性のためだけではなく，組織にとっても極めて重要な課題であるといえよう．

女性が活躍できる前提条件として，子育てと就労が安心して両立できる社会基盤と社会的支援体制の整備が不可欠であるが，それだけで十分というわけではない．女性の能力の発揮と開発に対する状況の改善が必要である．立場が人を育成する側面があるように，従来とは異なる女性活用の多様な場を創出するとともに，能力の発揮と開発を支援する組織文化，並びに人事制度を整備していく必要がある．女性ならではの感性・発想と能力を活かし，各人の能力に応じた公平な対処を行うことが求められる．そのための対策の一つとして，女性社員への機会均等な教育・訓練とQCサークル活動への参画と役割遂行が行われることを期待したい．現実に女性の特質を活かした活動を実践しているQCサークルもあり，QCサークル発表大会で女性メンバが生き生きとした表情で発表を行う様子もまれではない．

非正規社員については，専門的業務と単純業務の労働の二極化傾向と需要変動に対応して，内外の厳しい経営環境下での競争優位な手段として活用されているきらいがある．このように，非正規社員

を専門的業務遂行のためではなく単純業務の遂行要員として短期的かつ便宜的に利用するのは，長期的には競争優位の源泉とはならないであろうし，同一労働同一賃金などの処遇の公平性を欠くことにもなろう．加えて，より核心的な問題は，非正規社員に対して，能力の発揮と開発の機会を積極的に提供しないことである．このことは，非正規社員個人にとっての問題にとどまらず，今後の社会保障などにも影響しかねないことが危惧される．

したがって，女性社員の場合と同様に非正規社員の教育・訓練を実施する必要があるとともに，その実践にあたっては，QCサークルのような小集団活動を積極的に活用する必要がある．例えば，非正規社員が，企業，社会的機関（政府機関や職業団体など）や通信教育などで計画的な教育・訓練を受け，パソコンスキルや簿記，電気工事士，危険物取扱者，自主保全士，機械保全技能検定，QC検定などの資格を取得できるようにする．このような施策は，非正規社員の働く場の確保とさらなるステップアップの可能性を向上させ，彼らが誇りをもって業務を遂行することを可能にするかもしれない．

また，スキルに加えて協働意欲と学習能力をもった非正規社員がQCサークルメンバとなり，正規社員と一緒に改善活動を行うことによって，職場で頼りになるパートナと周囲から認知されるようになるかもしれない．QCサークル活動が彼らの能力の発揮と開発の場となり，その結果，彼らが管理者・監督者からの信頼を得て，正規社員登用の機会に恵まれるような好循環にも期待したい．企業と社会的機関は，非正規社員の能力の発揮と開発の環境を整備して，

機会を均等かつ公平に提供すべきである．加えて，在学中からの就職希望者については，中高・大学などでの学習機会を効果的に活用し，就職に備えておくことが求められよう．また，非正規社員の立場からすると，自己研鑽のための学習を自己責任のもとで行うにしても，日々の業務をこなしながら自己管理のもとで学習を続けるのは，かなり難しいのではないだろうか．こうした状況を鑑みるに，非正規社員からの協力も得たうえでQCサークル活動を展開することにより，非正規社員の能力の発揮と開発の機会を用意することは，今後大いに期待されよう．

さらに，日本における少子化と老齢化の進展は，深刻な社会的課題となっており，高齢者については定年後の再雇用など雇用期間の延長により，経験・熟練を活かした業務の遂行と技能伝承への役割が期待されるようになっている．QCサークルにおいても，例えば高齢の社員と若手社員がペアになることで，新しい知識・技術とこれまで培った経験とを相互補完的に活かす協働がなされ，改善の成果が得られるとともに，技能伝承が行われる例などもみられる．このように，QCサークルが，どのようにして人々の多様性を活かしながら個々人の能力を発揮させ育んでいくかは，今後の重要課題である．

（2）人間性を尊重して，生きがいのある明るい職場をつくる[7]

人間は，経済的生活の手段としてのみでなく，豊かな社会的生活を求めて働く．職場は人間の健全な労働と社会生活に対する欲求充足の場であり，単に働く場としての"働きがい"にとどまらず生

活の場として"生きがい"のあるところとすることが望ましい．人間性の尊重と生きがいのある明るい職場づくりは，環境変化に関係なく，働く人の衛生要因と動機づけ要因に対する包括的で普遍的な欲求であり，不確実な環境変化に順応し適応するための自律的活動の展開には不可欠である．

　ところが，日々定常的に遂行される分業化された業務では，ヒューマンエラーの発生と流出の予防と検知，これらを進めるための支援体制などが欠如している場合，不具合や遅れを発生させないための重圧的緊張感（ストレス）や孤立感が生じる傾向がある．そのような孤立感を抱いた状況下での社会的協働生活は解放感がなく，緊張感と疲労感を増幅・蓄積させ，うつ病を誘発する危険性すらある．精神的緊張感が不可避な職場であるからこそ，相互信頼と相互承認の状況創出（サークルによる主体的な物理的・社会的職場環境の整備，改善活動のプロセスでの心の交流とコミュニケーション及び仲間との経験と達成感の共有など）が極めて重要であるといえる．

　短期間で離職する新卒者が多い昨今の状況は，結果的に非正規社員化を促進しており，本人だけでなく，採用した企業にとっても，必ずしも歓迎すべきことではない．このような状況の中，QCサークルによっては，新入社員と女性社員が働きやすい作業条件について考えるなどの職場環境の改善を企図した活動や，新入社員や女性社員の育成を支援する活動が実施されている．これらの活動によって，新入社員と女性社員だけでなく他のサークルメンバにとっても働きやすい，生きがいのある明るい職場を実現するとともに，育成

期間の短縮,不良低減,生産性向上などで成果をあげた例も多い.同様に,定年後の再雇用者の知恵と熟練をQCサークル活動によって活かし,定年後も頼りになる存在として,老若男女が互いに認め合う生き生きとした職場にしている事例なども見られる.状況と経験・能力が異なる個々人がそれぞれに活かされるように,人間性を尊重し,生きがいのある明るい職場とすることは,職場で働く人だけでなく,その家族にとっても大切なことである.

また,明るい職場の実現に向けては,第一線の職場で働く人が,そのような職場環境を自分たちのためのものととらえ,精神的労働環境だけでなく,物質的労働環境の整備についても"自分たちの生活は自分たちで守る責務がある"との考えのもと,自主的にその実現に取り組む必要がある.例えば,不安全行為と不安全条件の撲滅による事故ゼロ,休業災害ゼロ,無休業災害ゼロを継続的に達成するために,安全な職場とするための職制主導の活動と自主的な小集団活動とを相互補完的に実施するなどすべきである.また,騒音,照明,じんあいなど健康阻害につながりかねない職場環境要素の改善,腰痛,筋肉痛などにつながる無理な姿勢での作業と作業条件のエルゴノミクス的改善,また廃棄物,省エネルギー,省資源等の環境保全活動などについても同様に,職制主導の活動に加えて自主的な小集団活動を相互補完的に実施するとよい.

(3) 企業の体質改善・発展に寄与する[7]

多くの企業は,社会的存在価値を維持・向上させて,持続的成長を実現する組織的活動を展開している.社会的存在価値の基本は利

害関係者（顧客，従業員，取引先，株主，社会）との信頼関係にある．信頼関係を築くためには，誘因と貢献の均衡のもと，双方にWin-Winの関係を成立させることが基本となる．QCサークル活動は，単なる同好会ではなく，第一線の人々の協働として改善を実践する組織への貢献活動にほかならない．

ここまで繰り返し述べているように，不確実で厳しい環境下では，あるべき姿と現実は変化し続けており，微小の差が競争優位性を決定づける可能性が高くなる．したがって，主体的に環境から刺激を選択し，あるべき姿を追究するとともに，近い将来を含めて，現実を観察・予知・認識して，乖離を解消すべく改善・変革に取り組む重要性が高くなる．これが業務一体の活動が推奨されるゆえんである．

また，同じく前出のとおり，QCサークル活動の成果には，有形効果と無形効果の二つがある．有形効果とは，売上げ，コスト，利益，工程能力，クレーム，不適合，設備停止，在庫などに見られる改善のことである．一方，無形効果とは，技術・技能，活力，対応力，学習能力，現場力・改善力，標準化・システム化などに見られる改善のことである．有形効果は，業績貢献であり表層的競争力を構成するのに対して，無形効果は，体質強化であって表層的競争力の源泉である深層的競争力を構成する．企業の持続的成長を実現する表層的競争力と深層的競争力の強化に向けてQCサークル活動が貢献するところは大きく，またその期待も高まっている．企業の表層的競争力と深層的競争力の強化に寄与する活動としては，次のような取組みが挙げられよう．

① QCサークル活動による第一線現場での高付加価値化と無価値作業レス化の追求，原材料・部品のQCD改善のための供給業者との合同QCサークル活動
② IT活用による事務管理部門の生産性向上と支援・調整機能の改善を行うQCサークル活動
③ 市場の機会損失を低減する営業活動と顧客サービス向上を行うQCサークル活動
④ グローバル化に対応しての海外拠点の品質・コスト・納期・設備保全の改善と離職・欠勤の削減と適切な対応のためのQCサークル活動
⑤ マザー工場としての海外拠点支援（海外への改善水平展開と派遣人材の海外支援能力など）を強化するQCサークル活動

このような持続的成長に貢献できる現場力強化を実現するQCサークル活動の展開は，今後ますます期待されると考えられる．

4.4 活動の特質を活かしたQCサークルの運営

(1) 効果的なQCサークル活動に必要な要素

QCサークル活動ならではの特質を活かしたQCサークルの運営を考えるにあたり，まず効果的なサークル活動が可能なQCサークルの要件を整理すると，以下のようになる．

(a) 貢献に対する基本的姿勢がある

組織における集団の成立要件は構成員の協働の意欲である．各

QCサークルメンバが自律的行動をするためには，協力して働くという意欲があること，共通の目的及び事実を共有できていることが不可欠である．

(b) 活動テーマが適切に設定されている

有形効果と無形効果の成果はテーマ設定に依存する．よいテーマとは，達成した状態が明確に規定され成果が期待できるとともに，実行可能でサークルメンバのやる気を喚起するものである．サークルメンバ全員が貢献と誘因を実感できるテーマを設定する必要がある．

(c) 信頼関係が醸成されている

集団での活動の意義は，集団効果が期待できることである．集団効果は相乗効果であり，集団を構成する人員間の相互作用，特に非公式組織の人間関係に依存する．集団効果は集団を構成する人員間の信頼関係次第である．

(d) サークル活動を支援する環境がある

QCサークル活動は組織の活動であり，企業の時間と資源を利活用する活動である．QCサークル活動が有効に機能するためには，上司の関心と関連部署スタッフの支援が不可欠である．必要なときに必要な支援が得られる環境整備と関係者への働きかけが必要である．

(e) 学習できる環境がある

QCサークル活動の実践には，リーダであれば自らの役割とQCサークル活動運営の基本を，メンバであってもメンバとして必要なQC的モノの見方・考え方とQC手法，及び基本的な技術・技能を

習得する必要がある．他の活動と同様，QC サークル活動も基本が最も大切であり，基本がしっかりしているからこそ環境変化と状況に応じた効果的な活動の展開が可能となることから，必要なときに必要な教育を適切な場所で実施する適時的教育や体験学習が効果的であり，改善道場，自主保全道場などの体験学習の場を充実させ，このような場を活用して学習が行われる環境を整備する必要がある．

 (f) 活動を通じて自信と意欲が醸成される

 本来，QC サークルの活動はメンバの自発性のもとに行われる活動であるはずだが，現実は一部の人の活動になったり，"やらされ感"を抱えたまま活動したりしている QC サークルが少なくない．また反対のために反対するように，QC サークル活動を実施しない理由を列挙して実施しないといった場合もある．サークル活動の実施には"まずはやってみて，体験し納得して，もっとよくしていこう"という取組みの姿勢が不可欠であり，全員参加の自主的な QC サークル活動にしていくには，当初はメンバに多少の緊張や負担があったとしても，活動プロセスの中で QC サークルの連帯感，技術・技能と問題解決の方法の体得などを実感させたり，仲間で困難・課題を克服することによって改善成果を得たという達成感を味わわせたりする必要がある．単に活動の形態を満たせばよいのではなく，活動を通じて"やればできる"という自信と"もっとやろう"という学習・改善意欲を向上させていくことが求められよう．

 (g) エンパワーメントを実感できる

 エンパワーメントとは，"湧活"といった言葉で訳される用語

で，上司から信頼されて自由裁量が与えられると，そのことを意気に感じて，心理的エネルギーを高め，格別な尽力と創造力が期待できる状況が創出されることを指す．特に定常的な日常業務で忙しい作業者が，創造的な活動をして自己表現できる機会が与えられると，充実感・達成感と成長を実感する傾向があることから，サークルを取り巻く周囲にもそのような機会を設けていこうとする姿勢や成長を見守る観点が必要である．

さらに，QC サークル活動を活性化していくうえでは，人材育成と組織活性化が不可欠であり，その実施にあたっては，次のような事項が必要となる．

(2) QC サークル活動を通じた人材育成と組織の活性化
(a) 個を活かす活動

自主的活動を実施する QC サークルは，個を活かす活動にする必要がある[46]．サークルメンバが自身を活動の主役とみなして生き生きと活動するには，メンバそれぞれが自己主張と自己実現を実感できるようにすべきである．個を活かす活動の可能性を高めるには，"個を活かすという視座からの職務充実・職務拡大・職務転換と教育・訓練などの人的資源マネジメントシステム"，"一人ひとりを大切にして'出る杭を育て活かす'組織文化の醸成"，"経験・能力・雇用形態などが多様な異質な集団での成功体験"などが重要となる．

(b) 緊張感と達成感

精神的緊張こそが心理的やりがいをもたらし，個人と組織の不適

合が挑戦への基礎となって成長を強化し組織を発展させ，心理的に健全な個人は成長することによって自己実現を図る[36]．実際に，QC サークル大会での多くの発表事例にみられるように，QC サークルの改善活動による能力の発揮と可能性への挑戦には，緊張感が伴うとともに個々の努力が必要である．その一方で，仲間と支え合い，励まし合い苦楽を共にすることによって目標を成し遂げたときの達成感は大きい．この達成感を期待できることが，挑戦の継続を可能にする．高い志と熱い思いで挑戦的目標を設定し，PDCA を回してスパイラルアップしていく活動が期待される．

（c）相互補完的相互承認

全員参加の QC サークル活動を実践するには，全員が相互補完的な役割を担い，個々人の顔が見える活動を展開することで，互いに認め合い承認されることが基本要件となる．また活動のプロセスから得られた個の成長と技術・技能の獲得も評価して，互いに認め合い励みにするとともに，個人学習と組織学習とを相互作用的に促進することも重要である．

（d）創造的破壊

QC サークルでも"守・破・離"が成長の基本である．まず真似（学）び，基本的なことを理解し経験を重ねて理解を深める．次いで，基本を踏まえながらも創意工夫をして，試行錯誤で自分たちに適した活動を模索し，自分たちの特性を活かした創造的な活動を展開するように成長することが望ましい．そこでは"守るべきこと"，"捨てるべきこと"，"形を変えて進化させるべきこと"を層別して対処することが肝要である．また"失敗を許容し，不確実性に

果敢に挑戦し，失敗から学ぶ"という組織風土の醸成も必要である．

(e) 活性化する状況の創出

ゲーム的要素の導入とインセンティブの見直しによって，QCサークル活動のマンネリ化を防止しなければならない．特にQCサークル活動の評価と大会での講評と表彰は，形式的にではなく，活動の内容と運営の工夫を十分理解したうえで，QCサークル活動の理念を基本として行われるべきである．

(f) 多様なチーム活動の活性化

職制主導の部門横断チーム活動，プロジェクト活動，管理者・スタッフの改善活動など，他の小集団活動を活性化して，QCサークル活動も相互補完的に活性化すべきである．部門と階層の壁を越えた全社的な活動は，組織のコミュニケーション（風通し）をよくし，部門横断的に効果的な改善活動を活性化する．そのことによって，"改善は全員の課題である"という認識が組織全体に共有され，QCサークル活動が活性化される状況が創出されるのである．また，このようにすることで経営者・管理者のQCサークルに対する関心が強化され，適切な支援が行われる可能性も高くなる．

(g) 見える化

あるべき姿と現実との乖離である問題が見える化されると，QCサークル活動のテーマ設定が容易となるとともに，活動成果の評価もしやすくなるため，成果をより実感できるようになる．このような社会促進現象によって，QCサークル活動は活性化される．また，仮に問題が直接見えなくても，結果とプロセスのあるべき姿と

現実の状態のいずれかが見える化できれば，それぞれについて"望ましい"か"望ましくない"かを評価することが可能となる．それにより，問題が表出化され，テーマ設定に活かすことができる．概念（考え方）の見える化も，問題を顕在化し形成する視座を与えるので重要である．

（h）コアコンピタンスへの貢献

QCサークル活動は，方針管理と日常管理などとの有機的連携で，TQMの一環として実施されることが基本であるものの，それで十分というわけではない．コアコンピタンスとブランドイメージは，企業理念，ミッション，戦略の具現化であり，顧客にとっての企業の存在価値の源泉である．これらは地道な第一線の活動の成果であり，多少なりともQCサークル活動が貢献できるところである．QCサークル活動によって，顧客とモノとコト（サービスや体験など行われること）との接点である第一線の活動の質を向上させ，コアコンピタンスとブランドイメージの向上に貢献することで，サークルメンバの誇りと帰属意識が醸成されることを期待したい．

4.5　経営者・管理者の関心と積極的な関与と承認

QCサークル活動の活性化には，QCサークルメンバの問題意識と改善意欲の高揚が不可欠である．経営者・管理者には，あるべき姿・ありたい姿を追求する姿勢や，近い将来生起することを含めた現実の観察・予知・確認の実施が求められる．また，これらの重要

性を QC サークルメンバに伝えるとともに，問題隠蔽を叱り，問題提起を奨励する組織風土を醸成し，問題の顕在化のための見える化も積極的に推進する必要がある．

　組織と環境との境界で相互作用をして環境不確実性に対応するのは，管理者の役割である．組織が対処しなければならない課題を明示するとともに，第一線の活動に関連する問題の情報の提供と共有化を行って，QC サークルに対処してほしい問題を認識させ，問題への取組みの期待と意義を明示して，主体的に取り組むテーマを設定する指導・支援を行う必要がある．

　テーマを設定する段階では，実現すべき結果の状態の規定と意味の明確化，挑戦的目標の設定と主体的に取り組む問題としての共通認識（自分たちが当事者意識をもって対処したい問題であるとの認識），及びテーマ解決に向けてのアプローチのシナリオ設定と実行可能性評価が重要である．設定テーマに応じて，ふさわしいメンバ構成と支援体制を検討し，活動の計画と役割分担を決定することになる．この過程でのリーダの決定，サークルの編成，アプローチの方法について助言，その他の必要な支援・調整を行うのは，支援者としての管理者の役割である．しかし，問題形成における管理者の役割の重要性が増大しているにもかかわらず，現実には管理者の関与・支援が適切かつ十分でないケースは多い．

　問題解決型アプローチでは，あるべき姿と現実との乖離の解消を追究することになる．まず，どのような状況で，どこに，どのような乖離が現象として発生しているかに関する現実の観察が必要となる．また，乖離（不具合・不適合）の発生原因に対する仮説を設定

4.5 経営者・管理者の関心と積極的な関与と承認

し,重要仮説を絞り込み,詳細な計画的観察(実験・調査・分析)によって検証して対策を検討することになる.仮説の設定と検証では,不具合発生のメカニズムの追究,4M条件の確認など,現地・現物の観察と経験的・理論的検討の深耕と解釈が重要である.原因と結果の関係に対する原理原則に基づく理論的説明と対応する事実の矛盾のない関連づけが合理的解決への近道であるとともに,効果的組織学習を可能にする.QCサークルの相談に応じて関連部署スタッフの支援が適切に行われるべきである.

課題達成型アプローチの場合は,乖離を解消する攻め所の候補を設定し,攻め所を方策に展開し,成功シナリオを追求して,適切性と実現可能性を評価することになる.このアプローチについても技術的な経験と理論が重要であり,QCサークルに対する管理者と関連部署スタッフの支援が適切に行われるべきである.

問題解決型アプローチと課題達成型アプローチの場合,対策の検討における創造的なアイデアの評価と実現に対する技術と資源に対しても管理者の支援が必要であるが,それに対して未然防止型アプローチの場合は,たとえ技術があったとしてもトラブル・事故が発生し得るという前提のもと,それらを未然に防止することを目的としている.そのため,このアプローチでは,少数重要なものは存在せず,多数軽微なものを撲滅することになる.進め方としては,過去の情報を収集し,技術があったにもかかわらず発生した失敗事例と対策成功事例から学び,極めて常識的な未然防止対策を広範囲にわたって実施する必要がある.これらの活動には管理者の呼びかけと支援が不可欠である.

しかも，対策実施の結果と維持管理の責任はいずれも管理者にあるのが一般的であるため，方策実施の決定と効果の確認，維持管理の条件整備，及び水平展開は管理者の役割と認識すべきである．

全般に，効果的なQCサークルの活動の実践と活性化には，要因追究と方策の検討・実施に対する管理者と関連部署スタッフの適切な関与と効果的な役割遂行が不可欠であるが，現実は十分ではなく，組織間内でばらつきが大きい．厳しい経営環境へのスピーディな対応による持続的成長を実現するためには，管理者のQCサークル活動に対する一層の積極的関与が必要である．

また，QCサークル活動に中心的に取り組むのは第一線職場の人々となるが，活動が組織全体で全員参加活動として展開されるためには，経営者の正しい理解と指導・支援が必要となる．

そもそも，QCサークル活動とは自然発生的に実施されるものではなく，経営者の提唱と指導・支援により導入され推進されるのが現実である．よって，QCサークルの導入に際しては，まずQCサークル活動先進企業の推進・運営事例を参考にするとともに，経営者が"今なぜQCサークル活動を実践するのか"を熱意をもって語り，QCサークル活動導入宣言を行うとよい．次いで，管理者の指導・支援のもとに，第一線のリーダを中心としたQCサークルを編成し，4〜6か月後に，その活動と成果を発表する場を設定して，活動の実践に際して必要となる考え方や進め方，並びに改善手法等を必要に応じて教育・訓練するとよい．ただし，あまり難しいことまで教育してはならない．

やがてはサークルの自主的な運営にゆだねるとはいえ，QCサー

クル活動導入時には管理者がサークル活動の指導・支援を行うようにするのが望ましく，推進状況には目を配る必要がある．具体的にいえば，まずは発生している問題，対処しなければならない課題，困っている問題を整理したうえで，第一線のリーダを中心としてグループを形成する．次いでモデル的に改善活動を実施し，改善成果を体感するとともに，その活動を通じて活動の進め方と改善手法の活用を体得できるようにする．そのうえで，改善体験事例の発表会を経営者主催で実施することにより，"活動を実施せざるを得ない状況を創出し，達成感を共有する"とともに，発表会を含めて，問題解決法，QC手法，QC的ものの見方と考え方を実践する機会やスキル向上の機会を積極的につくっていくのが望ましい．

QCサークル活動の基礎を築いた石川馨は，世界のQCサークル活動の展開にも尽力し，"人間は人間である．QCサークル活動のような人間性に合致した活動は，人種，歴史，社会体制，政治体制にかかわりなく，その基本理念を守って実行すればどこでも成功する"[47]と述べている．QCサークル活動のグローバル展開は可能であり，実際にこの活動は既に国内・海外によらず実施されているが，QCサークル活動のグローバル化にあたり，現地法人と現地部品メーカなどでQCサークル活動を取り入れる際には，現地の事情をよく考慮したうえで活動の導入・推進を行うことも関連組織の経営者・管理者の重要な役割であるといえよう．

なお，QCサークル活動の推進を図るうえでは，この活動の導入初期，導入後数年が経過した発展期，導入から10年以上が経過した定着期といった導入からの経過年数によっても，経営者に求め

られる役割は異なっており,状況に応じた役割の遂行が求められる[11].導入後の時期に応じた経営者の立場からの活動推進のポイントを次に示す.

(a) 導入初期

① 経営者は,QC サークル活動導入の必要性,活動で目指すところ,活動内容の範囲などを明確に示す.

② 経営者は,活動の推進組織を構築し,管理者の中から QC サークル活動推進に情熱をもつ者を選び,それぞれの長に据えるとともに,自らが総責任者としてこの活動を推進していくことを宣言する.

③ 経営者は,管理者に対して,活動の時間や活動に必要となる場所や道具の確保,サークルメンバへの教育計画立案などを指示する.

④ 経営者は,QC サークル活動推進の成果を自ら把握するとともに,活動の成果を共有する場(発表会,大会など)を設定して,活動に対しての感謝と次なる方向や活動への期待を示すようにする.

⑤ 経営者としては短期的成果を求めたいところであるが,QC サークル活動を通して人を育てることのほうに重点を置くことが望ましい.特に,導入時には,QC サークル支部・地区の人材支援を気兼ねなく積極的に活用するとよい.

(b) 導入後数年経過時点(発展期)

① 経営者は,QC サークル活動の成果を,有形効果(改善件数,改善効果金額など)と無形効果(人財育成,現場力向

上など)の両面から把握し,その推移に着目する.さらに,経営指標(製品の品質状況,原価の状況など)の推移も勘案して次なる方向を明示することが重要となる.この時期は,改善件数が横ばいになるなど,ともするといわゆるマンネリに陥りやすいため,企業の経営指標のどの部分(品質,コスト,納期など)に活動のエネルギーを集中するかを示すリーダシップが欠かせない.

② 経営者は,管理者に対し,自社のQCサークルすべてのレベル把握[17]を行うよう指示して各サークルの実力を把握し,実力に応じた育成計画を立案・実行するよう指示する.

③ 経営者は,管理者に対して,他社の活動状況を知るために外部の大会の聴講や発表の計画を指示する.これには,自社の現在位置を知ることに加えて,同業や異業種の活動に触れることで,発奮材料とさせるねらいがある.

(c) 導入後10年以上経過時点(定着期)

① 経営者は,QCサークル活動が自主的な運営になっているかを自らの目で確かめ,節目(10年,15年など)ごとにこれからの活動の方向を明示し続ける.

② 経営者は,管理者に対して,QCサークル活動が企業経営にとって欠かせない活動であることの理解を確実にし,この活動に積極的に関与する者を組織内に増加させる.

以上が,QCサークル活動の導入初期から導入後10年以上経過時点に至るまでの各ステップにおける経営者の実施事項であり,これらの点を踏まえて,経営者自らがサークル活動への関心と関与に

ついて発信し続けることが重要である．

第5章 現場力強化に貢献する多様な小集団活動の関連性

5.1 現場力と QC サークル活動

　日常的業務を効果的・効率的に維持管理するには，愚直なまでに一貫した基本の継続と徹底，そして変化への柔軟な対応を追求する必要がある．日常的業務が遂行される現場は，第一線の人々の協働のもと，モノと顧客との接点においてコトづくりをすることによって価値を創出し，原価発生を伴う活動を実践する場である．その現場に要求される組織能力（現場力）は，やるべきことをきっちり実施する能力と継続的に改善と学習を行う能力から構成される[48]．その現場力の基礎となるのが適材適所と教育訓練，加えて標準化とシステム化であり，現場力強化に貢献しているのが QC サークル活動である．

　日常的業務でやるべきことをきっちり実施するための標準化とシステム化は，本来，使命・機能の観点から展開された目的を効果的・効率的に遂行するために設定され，実施されたはずである．しかしながら，定常的に実施され，担当者だけでなく環境も変化することに伴って，本来の目的が見失われたり，手段が目的化したり，目的そのものに変化が生じたり，目的達成するための手段・方法が変化するなど，標準化とシステム化が形骸化・陳腐化してしまう危

険性がある．効果的かつ効率的な日常的活動を持続的に実践していくためには，継続的改善と成長が不可欠であり，経験の蓄積・活用を活かす標準の改訂とシステムの再構築によって変化への対応能力を向上させていく必要がある．

　定常的日常業務における突発的異常，散発的異常，逸脱的異常に対しては，異常が発生する前の正常時に復元する方策が基本となる．それに対して，慢性的異常の再発防止に向けては，異常が発生したときと，異常が発生しなかったときとの差異を抽出したうえで，変更・追加すべき要因系・条件を追究して，対策を実施することになる．これらの異常に対する応急処置と再発防止は，職制主導での実施を基本とするが，定常的日常業務に従事している第一線職場のメンバから構成される QC サークルの改善活動が補完的役割を遂行している．

　また，環境変化に付随して，業務の内容と処理量が変化する．需要動向（増加又は減少傾向，現状の維持），現在の業務遂行者の退職・人事異動，製品ミックス調整や新製品導入などによる生産・処理内容の変化，設備・機器の更新・導入，IT 等の新技術導入など，近い将来の業務処理変化は，業務の背景と傾向，及び業務環境の変化から推測できる場合が多い．業務変化があってからの事後的対応は，混乱を招き顧客に迷惑をかけるだけでなく機会損失が大きいので，予測できる業務変化を先取りしてレイアウト改善，工程改善，ライン再編成，自働化，省人化などによって対応しなければならない．つまり，日常処理業務においても環境変化に適応できるように現状打破の改善をしていかなければならないのである．加えて，日

常業務処理の変化とばらつきに対して，柔軟性のある対応を可能にするため，多能工化，多専門化，セル生産化，負荷の平準化，段取り・調整時間の短縮なども実施しなければならない．

　環境の構造的変化への対応は，職制主導と専門スタッフのイノベーションによって実施されるが，それが有効に機能するための現場力強化については，QCサークルの改善活動が有効に機能する部分が大きい．全般的に，環境変化の対応のための改善に対して，QCサークルの貢献するところは大きいといえる．

5.2　職場主導の日常管理を補完する小集団活動

　日常管理の基本は，"日常やるべきことをきっちり実施する"ことである．日常やるべきことを標準化し，従業員は標準どおりに業務を遂行する一方で，遂行した業務の結果が適切か否かを判断する．もし異常が見受けられれば，正常化するとともに，異常の原因を明らかにして再発防止に努める[49]．日常管理による効果的な維持管理のためには，職能訓練などによる人材育成と小集団活動による組織活性化，及び職制主導での5Sと標準化によるSDCA（標準化－実施－点検－処置）サイクルの形成を確実に実施するとともに，見える化，変化点管理，ポカヨケなどの改善を地道に実施しなければならない（図5.1参照）．

　標準化の目的は，組織の経験と学習成果を活かすとともに，作業者などの違いによらず，同じアウトプットを実現することにより顧客からの信頼と安心を得ることにある．結果が異常であれば，異常

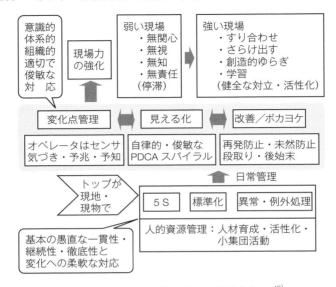

図 5.1 効果的日常管理実践の基本枠組み[49]

に対し誠実で迅速な対応(異常処置)をするだけでなく,標準が守られたか否かを確認する.そして,標準が守られていなければ,その原因を追究し,標準が順守されるようにする(維持管理する).逆に標準が守られたうえで異常が生じたのであれば,異常原因となる標準の不備を明らかにして,異常が発生しないように対策を実施し,効果を確認したうえで標準を改訂(改善)しなければならない.

異常処置は製品と工程に対して実施される.異常が発生すれば,職制活動として異常のある製品と工程の状況を確認し,迅速な応急処置をするとともに,職場会合で異常の状況報告と必要な再発防止

活動の検討を実施する．その再発防止活動は，職制主導によるラインの現場リーダ（職長など）と専門スタッフ（技術員など）によって短時間で俊敏に実施される．ただし，短時間に職制主導で対処できない，又は対処できなかった問題に対しては，関係者で編成されたチームで解決に取り組むこととなる．その問題の一部はQCサークルのテーマとなり，現場で業務を遂行している第一線の人たちの目と知恵を活かして，現地・現物で多様な要因を解析して対策する改善活動が実施されることになる．

また，要因が複雑で慢性的な不具合の現状打破を実現するために，技術的・理論的な検討を深めたうえで調査・実験と試作を積み重ねて改善する場合には，関連部署スタッフの専門家チームによる改善活動が実施される．新製品，技術，市場などの開発業務遂行は，不確実性への挑戦である．この場合，関連部門との戦略的・統合的活動を効果的に実施するために，プロジェクトチームを編成して活動をする．さらにシステムの再構築が必要な部門間連携の問題に対しては，部門横断チームを編成して対応することになる．

5.3 TPM活動における小集団活動

生産効率を極限まで高める企業の体質づくりを目標に全社的に（全員参加で）行われる生産保全活動をTPM（Total Productive Maintenance：全員参加の生産保全）活動[15]といい，この活動の一環として職制活動と一体となって企業としての課題解決をする小集団活動をTPM小集団活動という．TPM活動では，ロスの削減

と設備総合効率（＝時間稼働率×性能稼働率×良品率）の向上が期待されている．そのための活動として，①ロスとコストの構造を明確にしたうえでロス削減を行って生産効率化を実現する個別改善活動，②設備の専門的点検・修理，寿命延長と故障停止時間短縮のための設備改善，保全方法改善と現場支援，設備診断技術の開発・適用，補給部品管理などの計画保全活動，③良品条件整備による不適合品発生の低減・撲滅などの品質保全活動があり，これらが組織的に実施されている．加えて，④"自分の設備は自分で守る"活動として自主保全活動（初期清掃，発生源対策・困難箇所対策，清掃・点検・給油の仮基準の作成，総点検，自主点検，自主管理），⑤製品並びに設備の不具合を予防し，リードタイム短縮と垂直立上げを実現する効果的な初期管理活動，⑥災害・負傷ゼロ・公害ゼロ・地域貢献の体制づくりの安全・衛生・環境管理といった活動も展開されている．さらに，⑦管理・間接部門における職場改善（初期清掃，５Ｓなど）と業務改善（業務の棚卸と機能分析，改善，標準化，自主管理など）活動，⑧運転・保全のスキルアップなど効果的なTPM活動に必要な教育・訓練活動も展開されている．

　これらの活動は，いずれもTPM小集団活動として組織的に実施されている．このTPM小集団は，社長や役員などの経営層をリーダに部課長などで構成されるトップの小集団から，部課長をリーダに係長，主任などをメンバとするミドルの小集団，そして係長や主任をリーダに第一線職場の社員をメンバとする第一線の小集団（PMサークル）に至るまで，いくつかの階層にわたって構成されており，下位階層集団のリーダが上位階層集団のメンバとなること

によって，上位集団と下位集団は連結ピンのように結合されるようになっている．このように，階層間にメンバが重複する重複小集団を構成することも，TPM小集団活動の特徴の一つである．この連結ピンとなるメンバが，組織の縦と横のコミュニケーションを円滑にする役割を果たすことになる．

　第一線小集団であるPMサークルは，職制上の公式組織に組み込まれ，職制と一体となって職制主導の活動の中で自立的な小集団活動を展開する．PMサークル活動は，設備の清掃，給油，締結，点検などの"自主的"活動である．PMサークルは，TPMの基本方針，経営者の目標を展開した職制の目標と期待を理解したうえで，自主的に小集団の目標を設定して職制指導のもとで活動を実施する．その一方で，QCサークルは，自律的活動が認められた半公式組織であり，登録，報告，職制支援，テーマの業務一体化傾向など，組織と密接に関係している．したがって，PMサークルとQCサークルは，ともに改善活動を行う第一線のメンバから構成される小集団であり，維持管理と改善の自主的活動，及び人材育成と職場活性化という点で共通している．実際に，PMサークルがQCサークル大会に参加・発表することも珍しくない．QCサークルの基本と活動運営の基本，活性化の基本などは，PMサークルでも活用できるものであり，大いに活用すべきである．

　また，TPM活動では，前述のように係長，主任などをメンバとし，部課長をリーダとするミドルによる小集団活動が実施されている．この小集団は，経営者が設定した全社のTPM方針と目標を達成するために，自部門の部・課方針と目標を設定し，第一線小集団

に具体的な目標をもたせるとともに，メンバ自ら第一線小集団に直接参加して活動を行う役割を遂行する．例えば，個別改善，計画保全，初期管理などのTPM活動の各柱の分科会活動の設定テーマに対し，テーマごとに適切なメンバを選定して指導・支援するのもミドル（管理・監督者，専門スタッフ）による小集団の役割である．

　TQM活動においても，方針管理と経営要素管理に関連して，ミドルによる小集団改善活動を展開し，テーマの登録，報告書の作成，発表会などを実施することで，"経営の目標の達成と課題の改善"，"ミドル層の人材育成"，"ミドルが中核になっての全員参加活動による組織の活性化"を指向している企業も多い．

　さらにTPM活動では，部課長などをメンバとし，組織のトップである社長，工場長などをリーダとするトップ小集団活動が実施されているが，この小集団は，全社TPM推進委員会を形成するとともに，会社のTPMの基本方針と目標を設定し，それが組織的に展開され適切な活動が実施されるように，方針展開と方針管理などによって実施状況を把握し，診断・フォローして指導する役割を担う．これらの内容は，組織間で範囲と深さは異なるものの，TQM活動で組織的・体系的に実施している事項である．

5.4　シックスシグマ改善活動における小集団活動

　シックスシグマ法は，"企業活動におけるすべてのビジネスプロセスを対象にした，データに基づく組織的な管理を行うための経営手法"[50]であり，6σレベルのエラー発生確率が100万分の

3.4回なので,ほぼすべての品質・経営目標として適用できるとされている.シックスシグマ活動は,トップダウンのプロジェクトで運営されるものであり,MAIC(Measurement, Analysis, Improvement, Control)[最初に機会の定義(Define)を付加してDMAICとも呼ぶ]のプロセスによって,目標達成を目指す.このプロセスは,次のようなフェーズから構成されている[51].

(a) Measurement(M,測定)

このフェーズは,CTQ(品質評価上最も重視される点)に影響を与える重要プロセスを発見し,発生した欠陥を測定するものもある.このフェーズは,目標の指標化(どの指標で測るのか),評価基準の設定(どの尺度を用いて測定・評価するのか),情報収集[顧客の声(VOC:Voice Of Customer)など評価基準に沿って収集],及び基礎統計処理から構成されている.

(b) Analysis(A,分析)

このフェーズは,欠陥はなぜ発生するかを理解するために,プロセスのばらつきに最も影響を及ぼす変数を特定するものである.このフェーズは,要因間の関連づけ(要因間の因果関係に着目し複雑な関連性を整理・集約して問題を単純化),目標達成のための主要因分析(集約した要因の因果関係の明確化),自社の強みの評価(強みを活かし弱みを補強),及び優先順位の設定(要因としての優先順位が高く,かつ自社が弱い項目を重点テーマに設定)から構成されている.

(c) Improvement(I,改善)

このフェーズは,主要変数のCTQに及ぼす影響を数量化し,最

大許容限界範囲を特定して，許容範囲内にばらつきが収まるようにプロセスを変更するものである．このフェーズは，専門家（ブラックベルト，グリーンベルト）の割当て（改革の組織化），改革の方向性決定（専門家支援），及びマイルストーン（達成時期，評価基準，推進責任者，報告体制）設定，改革の実行（挑戦，現場の工夫）から構成される．

(d) Control（C，改善結果定着のための管理）

このフェーズは，プロセスが変更されて以降，主要変数が最大許容限界内範囲に収まっていることを確認するものである．このフェーズは，レビュー（レビュー方法，タイミング，結果の数量化），クリティカル要因の排除（乖離度評価，資源再配分，ブラックベルト，サポート），改革レベルの維持（システム化，チェックポイント），及び挑戦的な計画の策定（定着化，ステップバイステップ）から構成される．

プロジェクト活動は，MとAで抽出された改善対象プロセスごとに編成される．各プロジェクトチームのリーダは，シックスシグマ手法の専門資格者であることが求められ，その任務にはシックスシグマ活動の専任者であるブラックベルトが就く．ただし，シックスシグマの資格認定プロセスを経ていないものの，ブラックベルトから学んだグリーンベルトが通常業務を遂行しながらシックスシグマ活動のリーダを兼務することもある．シックスシグマ活動を指導する中心的人材であるチャンピオンは，兼務の立場で，活動の対象となるプロジェクトを決める．彼らは，製品・サービスの品質の改

5.4 シックスシグマ改善活動における小集団活動

善運動のリーダである上級経営者である．

QCサークルやPMサークルがボトムアップ型の第一線の自主的な小集団であるのに対して，シックスシグマ活動のチームはトップダウン型の専門家の小集団である．シックスシグマ活動で適用されるMAICプロセスは，QCサークル活動での現状分析，要因解析，対策案の検討・実施，管理の定着に対応し，適用手法も基本的には差異はない．ただし，シックスシグマ活動の担い手は専門家であるため，MAICでは比較的高度な手法が体系的に適用できるようになっている．

QCサークル活動とシックスシグマ活動の本質的違いとしては，主に次の3点が挙げられる．

第一は，チームの編成のされ方である．QCサークルは，全員参加の自主的活動を継続的に実施するチームであるが，これに対しシックスシグマ活動のチームは，トップダウンによって設定された，組織の目標を達成するために編成されたチームである．また，シックスシグマ活動のチームに対しては，上級管理者のチャンピオンと専門家であるブラックベルト，グリーンベルトによって直接的な指導・支援がなされる．

第二に，活動の継続性が挙げられる．QCサークルは第一線の活動と職場環境の改善に向けた活動を継続的に実施する．これらの改善には終わりはないからである．一方，シックスシグマ活動のチームは，プロジェクトが所与の目標を達成すれば解散されることとなる．それゆえ，地道な維持管理の定着と継続的改善は容易でなく，この点については職制とQCサークルで実施する必要がある．

第三は，人材育成の対象である．QCサークルは全員参加を原則とするため，基本的には職場のすべての人材が人材育成の対象となるのに対して，シックスシグマ活動は，専門家の育成・活用が基本となるため，人材育成の対象となる人材は一部である．それゆえ，シックスシグマ活動のほうがQCサークル活動に比して教育訓練の負担は少なく，各国によって社会的文脈が異なるグローバルな改善活動展開においては現実的であるといえるかもしれない．また，チーム活動の効果と活性化のインセンティブについても，精神的報酬というよりはむしろ，経済的・社会的な成果報酬が中心的になる傾向がある．しかしながら，動機づけ理論からの配慮，ゲーム的要素の導入，水平展開におけるQCサークルとの連携，専門家と第一線の人々との協働など，シックスシグマ改善活動がQCサークルから学ぶべき事項は多いはずである．

5.5 部門横断編成のプロジェクトチームによる改善・変革活動

　シックスシグマ活動におけるプロジェクト活動のほかにも，製品・サービスの提供とシステムの再構築において部門横断編成によるプロジェクトチーム活動が展開されている．具体的な活動分野としては，新製品・技術開発，市場（新市場・海外市場）開発，工場建設，及び新製品開発システム，生産システム，営業活動システム，調達システム，コストマネジメント，情報システムなどのシステムの構築・再構築などが挙げられる．また，流行的に実施されたリエンジニアリング[52]もプロジェクトチームによる活動である．

プロジェクトマネジメントの包括的な手引を提供する国際規格であるISO 21500:2012（"プロジェクトマネジメントの手引"）では，プロジェクトを，"プロジェクトの目的を達成するために実施される，開始日と終了日をもつ調整されかつコントロールされたアクティビティで構成されるプロセスの独自の集合である"[53]としており，また"プロジェクトの目的の達成には，固有の要求事項に適合する成果物の提示が要求される"[53]としている．一般にプロジェクトは，情報システム／ソフトウェアの開発，建造物の構築など顧客からの要求に応えるため，及び戦略的目標の達成の手段として編成される．そして，プロジェクトを遂行するのは，グループではなく，チーム［一般的には部門横断チーム（CFT）］であることが多い．

ここでいうグループとは，QCサークル，PMサークルのように，第一線職場の継続的な改善を実践するという共通の志向をもった人の集まりのことである．グループは，職制の支援を得つつも，テーマを自主的に選定し，各設定テーマに対して，自主的に各人の役割を決めて活動を実施する．それゆえ，グループでは，全般的に各人の役割や責任・権限が未分化の状態にある．

これに対し，チーム（プロジェクトチーム）は，テーマと目標がトップダウンで設定された後に，目標達成にふさわしい必要な能力をもったメンバによって編成される．そして，各メンバが共通の目的のもと，目的達成のための各自の役割を感知し，感知した役割に関与して，それぞれの能力を活かして役割を遂行する，という相互補完的に貢献する機能体制をとっている．

148　第5章　現場力強化に貢献する多様な小集団活動の関連性

プロジェクトの共通事項としては，次のようなことが挙げられる．

① プロジェクトには，達成すべき固有の使命がある．
② プロジェクトには，いろいろな仕事があり，各分野の人を集めて実施される．
③ プロジェクトには，始めがあり，終わりがある．
④ プロジェクトには，予算，必要なプロジェクト資源の利用可能性，期間，許容リスク，法的要求事項などの制約条件がある．
⑤ プロジェクトの成功に利害を同じくする利害関係者が種々存在する．

なお，プロジェクトマネジメントそのものの手引書ではないが，プロジェクトマネジメントのプロセスにおける品質に関する手引について論じた ISO 10006:2003（JIS Q 10006:2004）（"品質マネジメントシステム―プロジェクトにおける品質マネジメントの指針"）には，次のような項目についての規定が記されている[54]．

(a) 品質マネジメントの原則

ISO 10006:2003 におけるプロジェクトの品質マネジメントのた

[*1] この品質マネジメントの原則は，旧版である ISO 9000:2005（JIS Q 9000:2006）（"品質マネジメントシステム―基本及び用語"）の序文で示されたものだが，2015 年 11 月の改訂に伴い，ISO 9000:2015（JIS Q 9000:2006）では，本文に示した a）から h）の八つから，"顧客重視"，"リーダシップ"，"人々の積極的参加"，"プロセスアプローチ"，"改善"，"客観的事実に基づく意思決定"，"関係性管理"の七つとなっている．

めの手引は，次の品質マネジメントの原則[*1]に基づいている．

1) 顧客重視，2) リーダシップ，3) 人々の参画，4) プロセスアプローチ，5) マネジメントへのシステムアプローチ，6) 継続的改善，7) 意思決定における事実に基づくアプローチ，8) 供給者との互恵関係

(b) 経営者・管理者の責任

①経営者のコミットメント，②戦略決定のプロセス，③マネジメントレビュー及び進捗評価

(c) 資源の運用管理

1) 資源関連のプロセス：①資源の計画，②資源の管理
2) 要員関連のプロセス：①プロジェクト組織構造の確立，②要員の配置，③チームの育成

(d) 製品実現

1) 相互依存関連のプロセス：①プロジェクトの立上げ及びプロジェクトマネジメント計画書の作成，②相互作用の運営管理，③変更のマネジメント，プロジェクト及びプロジェクトの終結
2) 範囲関連のプロセス：①概念の開発，②範囲の明確化及び管理，③活動の定義，④活動の管理
3) 時間関連のプロセス：①活動の依存関係の計画，②所要期間の算定，③日程表の作成，④日程の管理
4) コスト関連のプロセス：①コストの算定，②予算の作成，③コストの管理
5) コミュニケーション関連のプロセス：①コミュニケーション

の計画，②情報の運用管理，③コミュニケーションの管理
6) リスク関連のプロセス：①リスク特定，②リスクアセスメント，③リスク対応，④リスクコントロール
7) 購買関連のプロセス：①購買の計画及び管理，②購買要求事項の文書化，③供給者の評価，④契約の締結，⑤契約の管理

(e) 測定，分析及び改善
1) 改善関連のプロセス
2) 測定及び分析
3) 継続的改善：①プロジェクト起業組織による継続的改善，②プロジェクト組織による継続的改善

　編成されるプロジェクトは，企業にとっての重要性（戦略性，影響の大きさ，期待成果など），規模（予算，要員，期間など），困難性（技術的・経済的・社会的実行可能性，関係者との関係性など），多様性（対象の複雑性，環境の不確実性，メンバの異質性・多様性など）によって多種多様である．現実には，プロジェクトマネジメントは，すべての構成マネジメントを網羅的に実施するのではなく，状況に応じて必要なマネジメントを適切かつ合理的に選択して実施すればよい．例えば，プロジェクトマネジメントは，多大な投資と大規模なプロジェクトによる変革活動に対応できるようになっているが，小集団の部門横断的チームによる改善活動を実施する場合には，プロジェクトの特性に応じて適切に実施されることになる．つまり，小集団のプロジェクトによる改善活動では，一般的に，品質マネジメントの基本原則を小集団活動の行動原則としたう

えで，次のようなことを基本的課題とする．

① 達成すべき目標の設定と共有
② 実施すべき活動の計画と役割分担
③ 改善活動対象範囲の設定，活動の日程計画と進捗管理
④ コスト・予算の計画と統制
⑤ 活動遂行における必要資源の確保と活用及び母体組織からの支援
⑥ 個人の能力の活用と育成
⑦ 関係者への報告・連絡・相談と合意及び活動の見える化
⑧ 変更の影響評価（企図する影響・順機能と企図しない影響・逆機能の評価）と必要な対応
⑨ 必要な調達と供給者との Win-Win 関係の協働が基本的課題

大切なことは，プロジェクトマネジメントの基本的考え方を理解するとともに，プロジェクトが成功するように柔軟に対応することである．

改革・改善のプロジェクトを成功に導くうえで核となる要件は，これらのマネジメントが効果的に実施される状況の創出である．そのためには，次の事項が要諦となる[55]．

（a）トップの卓越したリーダシップとコミットメント

トップが目標設定と経営資源の付与，活動の方向づけに責任をもち，メンバの動機づけに配慮する．

（b）組織とメンバにとって意味のあるテーマ

組織への貢献（成果）が明確であるとともに，関係者の誘因とな

り，挑戦的ではあるが，達成に向けて取り組むことに合意が得られる内容とする．

(c) 目標達成の可能性のあるチームの編成

各テーマの資源と目標達成に責任をもつ人（責任者）が明確であるとともに，必要な人材要件についても明確にして，適任者が割り当てられるようにする．

(d) 公開でのテーマ進捗管理と問題解決指導

結果に責任のある者と人事に影響力のある者が顔をそろえる中で，実施したことと結果とが公開され，プロジェクトの関係者が達成感と恥を知る場となるとともに，問題解決に対する組織内外の専門家からの指導を得られるようにする．

(e) 今後の展開への明確な指示と支援体制

テーマの完了，打切り，今後の対応に対する責任ある議論と決定が行われるようにする．

5.6　相互学習すべき各小集団活動と統合的活動の実践

小集団の形態は，経営者主導のプロジェクトチームから第一線職場の自主的サークルまで多様である．各小集団は，その構成・目的・運用の仕方などの点で異なるものの，すべて組織的活動としての改革・改善活動を実践する知識と情と意志をもつ自律的人間から構成されている．改革・改善は，統合的に効果的活動として展開される必要がある．このような認識のもと，改革・改善活動を統一的枠組みで説明できる統合的モデルを基本因果モデル［要因－媒介変

5.6 相互学習すべき各小集団活動と統合的活動の実践　　153

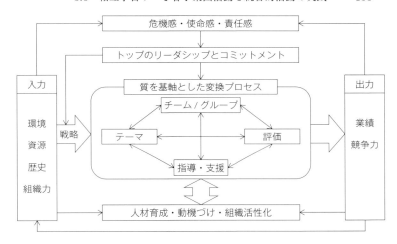

図 5.2　効果的改革・改善活動の基本因果モデル

数 - 成果（S-I-R）図式のモデル］[55]として示したのが図 5.2 である．

ここでは，このモデルに基づき，プロジェクトチーム活動とサークル活動のそれぞれの場合について層別して説明することとしたい．

（1）プロジェクトチーム活動の基本要件

企業（組織）は，顧客，取引先，競合他社，社会などの経営環境との相互作用をしながら，活用できる資源を利活用している．これらの資源は，歴史的に培われた組織能力などの入力，及び動機づけと組織活性化などによって媒介され，出力としての業績向上と競争力強化及び人材育成などによる持続的成長へと結びつくことが期待

されている．このようなインプット，スループット，アウトプットという一連のプロセスの中で，企業はその生存・成長に対する危機感と使命感・責任感をもって，変革・改善活動を展開している．

つまり，企業は変革・改善活動によって，環境変化に適応し，利害関係者とのよい関係を構築し，生産性を向上させるとともに，市場での地位を確立することによって，良好な業績と資産内容を実現しようとしている．関係者全員が危機感を共有し，使命感と責任感をもって改善・変革活動を展開するためには，経営者のリーダシップとコミットメントが不可欠である．経営者は，選択と集中による企業活動ドメインの設定と資源の集中化の戦略を示すとともに，戦略を具現化する組織的活動体制を構築し，それらを指導・支援していく必要がある．そのうえで，組織的活動の方向づけと優先順位を明らかにしていく中で目標を設定し，プロセスの改革・改善の具体的活動を実施する部門横断チーム／グループ（小集団）を編成することになる．その改革・改善活動の成果は，図5.2内にも示される"テーマ"，"チーム／グループ"，"指導・支援"，及び"評価"の四つの要素によって決定される．それぞれのプロセス要素について簡単に説明したい．

（a）テーマ

テーマの設定とは，業績向上と競争力強化に対する"ありたい姿"，すなわち達成の挑戦的目標を設定するとともに，それを実現するためのタスクを規定することを意味する．設定される目標については，達成した状態が関係者間で共有できることに加え，活動の実行可能性（実施すべき活動の手がかりがあり，人々がまず活動を

実践してみようという気持ちになるなど)が必要とされる．

(b) チーム／グループ

　設定テーマに対する責任者とリーダが任命された後に，テーマの目標を達成するために必要な能力を有する関連領域の専門スタッフ人材を選任して，チーム／グループが編成される．チーム／グループのメンバが確定すると，プロジェクトマネジメントが効果的に実施されるように，プロジェクトチームを構成する各メンバの役割を規定されるとともに，活動計画を策定される．また，各人の責任権限が明確に規定されるとともに，関係者間の調整も行われる．

　ただし，プロジェクトは不確実性への挑戦であるため，現実には実施すべきことと責任権限の明確な規定には限界がある．このような限界があるものの，達成すべき目標と実施している活動に関連する事実については，メンバ間で共有することが可能であろう．それゆえ，各人が積極的に役割を感知するとともに，感知した役割に関与し，チームプレイを実施することが求められる．その際，プロジェクトチームメンバの目標達成動機，メンバ間の相互補完関係と相互信頼関係，及び適切なリーダシップによる方向づけと統合・調整が重要となる．

(c) 指導・支援

　プロジェクトチームの各メンバは，各母体組織から派遣され，プロジェクト組織の目標達成のために，プロジェクトリーダの指揮のもとで活動を実施する．その際，必要に応じて母体組織の管理者からの指導・支援を得る．

(d) 評価

プロジェクトチーム活動は PDCA を回して管理されるが，そこでは計画に対する実績の評価が重要となる．各メンバは，プロジェクト組織のリーダから評価されるとともに，一般的にプロジェクト終了後に復帰する母体組織の管理者からも評価されることになる．

ただし，プロジェクトチーム活動の成否は，メンバの活動のみにかかっているわけではない．メンバがプロジェクトへの貢献に尽力できるよう，やりがい，社会的承認，自己の成長，チーム内の信頼関係などの誘因に対する配慮も必要となる．また，設定テーマとプロジェクトチームのメンバ編成も活動の成否を左右するため，最適なテーマ設定とメンバ編成が実現できるようにしなければならない．

重要なことは，図 5.2 にもあるように，①から④のこれら四つの要素は相互に関連しているので，これらが有効に機能するためには相互に適合（Congruent）していなければならないということである[56]．提示した基本因果モデルの基本要件に適合したプロジェクトチーム活動が，動機づけと組織活性化のもとで，業績と競争力の有形成果を実現するとともに，欲求充足と人材育成と組織活性化の無形効果を実現するものと期待している．

(2) サークル活動の基本要件

サークル活動は，プロジェクトチーム活動とは異なり，対応すべき事項よりも先にサークルという組織体が存在する．サークルは，自主的にテーマを設定し，テーマとサークルの能力を評価して活動

する．また，必要に応じて，管理職・関連部署スタッフの指導・支援を得ることになる．

ただし，このサークル活動においても，先述したプロジェクトチーム活動の場合と同様，サークル，テーマ，評価，指導・支援の適切性とともに，これらの相互関連の適合性が重要となる．また，各プロセス要素の適切性と適合性は，活動の出力である業績と競争力の有形効果と欲求の充足，職務遂行能力と改善能力の成長，組織活性化などの無形効果によって評価されることになる．その理由は，"工程で品質をつくり込む"という言葉に象徴される．結果には原因があり，"成果はプロセスでつくり込む"が基本となるため，プロセスの良否は成果の良否で評価されなければならない．それゆえ，前出の四つのプロセス要素の適切性と適合性は実現する効果によって評価される必要がある．

また，サークルの指導・支援における経営者の役割は，前述したように最も重要であり，"テーマ"，"チーム／グループ"，"指導・支援"，及び"評価"の四つのプロセス要素に決定的な影響を与える．それは企業の持続的成長のための経営者主導の戦略的課題と目標は，管理者の役割と行動に影響を与え，業務一体化活動傾向のあるサークル活動のありようを大きく規定するからである．自主的にテーマと目標を設定するQCサークルにおいては，活動によって期待される有形成果と無形効果が，社会的承認と自己実現の欲求の源泉であり，サークルメンバの誘因となる．したがって，活動による効果に関係者が納得できるように，経営者はサークルに関心をもって指導・支援にあたることで，管理者のサークルへの関心を高め，

積極的な指導・支援が適切に実施されるようになることが望まれる．

(3) プロジェクトチーム活動とサークル活動の統合

厳しく不確実な経営環境の変化に適応して企業が持続的成長を実現するには，不確実性を削減し，組織の多様度を高くし，処理能力を向上させなければならない．そのためには，次のようなことが求められる．

① 経営者主導のビジョンと方針を具現化する戦略的プロジェクト活動による変革・改善の実施
② 管理者・スタッフを中核とするリエンジニアリング活動によるシステムの構築・再構築の実施
③ 競争優位を実現するコアコンピタンス強化のための重点的課題解決のチーム活動
④ 第一線の定常的業務の維持管理と継続的改善の現場力強化

これらはいずれも全員参加の組織的活動の実践が必要となるが，それを可能にするのが多様な形での小集団活動である．

神戸大名誉教授の占部都美は，組織の環境あるいは不確実性への適合理論がコンティンジェンシー理論であるとし，環境あるいは不確実性は組織のどのレベルにおいてもとらえることが可能であるとしている[57]．コンティンジェンシー理論によれば，組織の成果は，市場環境，競合環境，タスク環境など技術的・経済的・社会的な環境の変化と不確実性に適応することによって得られるものである．そのために重要とされているのが，①個人レベル（欲求，モチベーション，価値観，パーソナリティなどの個人属性），②集団レベル

(リーダシップ,成員関係,タスク構造,パワー関係などの組織過程・プロセス),③組織レベル(目標・戦略,規模,技術,資源などの組織文脈,分業と調整,責任権限,統合,組織文化などの組織構造)での状況依存的適応である.多様なサークル,チームなどの小集団は,多様かつ複雑な環境に俊敏にかつ自律的に適応して,持続的成長のため有形効果と無形効果を得ることを可能にしている.

しかも,プロジェクトチーム活動とサークル活動は,前述の基本因果モデルによって示した効果的な活動の基本要件を矛盾なく満たすことが可能である.必要なのは,実施する決意と"まずは実践する"という姿勢である.

石川馨は,"QCサークル活動が全社的品質管理(経営革新・改善)活動の一環として実施される"ことを強調してきた.例えば,TQMでは,経営者・管理者主導の方針管理と部門横断的機能別管理における現状打破の改革・改善がプロジェクトチームで実施されるとともに,日常管理における現状維持管理は第一線の職制で実施される.QCサークルは,第一線の現場を改善し現場力を強化するのに補完的な役割を果たしている.このことを踏まえると,石川の主張は極めて含蓄が深く,改めてTQMとQCサークルの指導者に敬服するところである.

最後に,プロジェクトチームとサークルに共通する小集団改善活動の基本的要件を示して本章の結びとしたい.次に示す基本的要件は,本書でこれまで繰り返し述べてきたことと重なるが,強調してもしすぎることはないだろう.

① 小集団改善活動では,小集団のメンバの人間性を尊重し,

一人ひとりが大切な存在であるとの認識のもとに，顔が見える活動を実践する．

② 活動はメンバ各人の基本的役割を決めて実施されるが，不確実性への挑戦のため，事前に規定できない役割が存在する．メンバは状況と心的状態（能力と意欲）に応じて，積極的に役割を感知し，感知した役割に関与して，相互補完的役割を遂行する．

③ 競争優位性と持続的成長を追求する活動とする．

④ 経営者のリーダシップとコミットメントが不可欠である．

⑤ 共通の目標の達成に向かい，メンバ各人は使命感と責任感をもって，積極的に知恵を活かす活動を実践する．

⑥ "まずはやってみよう" という姿勢を共有し，高い目標に挑戦する．

⑦ 現地・現物主義で，事実に基づくアプローチに徹する．

⑧ 活動全体に対する個々の活動の相互関連性を評価し，部分最適でなく全体最適が達成されるように活動を実施する．

⑨ 学習による蓄積の効果を大切にするとともに，利用できる資源を効果的に活用するために管理者・関連部署スタッフの指導・支援を積極的に求める．

⑩ 自律的かつ俊敏な活動が展開できるようにする．

⑪ 人々が参加し，意識して又は無意識のうちに相互に観察し，コミュニケーションを行い，相互に理解し，相互に働きかけ合い，相互に心理的刺激をする状況の枠組みである場を積極的に創出し活用する[58]．

おわりに

　昨今の，厳しく不確実な経済・社会環境のもとで日本企業が持続的に生存・成長するためには，不適合の削減，機械停止時間の短縮，コスト削減，価値レス作業削減などの業務効率化だけでなく，市場・需要を創造する製品・サービス開発の強化やリードタイム短縮，環境適応性の高いビジネスモデルへの変革などによって，競争優位な付加価値の高い製品・サービスを提供し続けなければならない．そのためには，ビジョン，中長期方針，戦略に対するトップのリーダシップとコミットメントと，その戦略を具体的な方策・活動に展開するとともに，戦略展開の基盤となる管理者の計画展開・推進能力，第一線職場の維持・改善能力を強化するなど，企業体質の強化が不可欠である．このうち，企業体質の強化にあたっては，管理者と第一線現場の人々による小集団改善活動の効果的活用と，その改善活動による人材の育成と組織活性化が鍵となる．

　環境不確実性に対処するためには，多様な対応が必要であり，組織の多様度を高めるために，様々な形態での小集団活動を柔軟かつ効果的に活用しなければならない．本書で述べたように，多様な形での小集団は矛盾なく存在可能であり，活性化可能である．少なくとも，小集団活動の基本要件を充足すれは，各小集団は有効に機能し活性化すると考えられる．それは，QCサークル活動が課題を抱えながらも関係者の知恵と尽力によって本質を昇華させ，変化に柔軟に適応し，多くの教訓を提示してきた歴史的変遷によって裏

付けられている．また，CFT によるプロジェクトチーム活動は，国内外で幅広く実施され，その重要性が世界的に認知されるまでに至っていることも影響が大きい．さらに，多くの日本企業が全員参加の活動を積極的に推進するとともに，日本発の管理技術である TQM，TPM 及び TPS（トヨタ生産システムでリーン生産とも呼ばれる）を導入・推進してきたことは，日本企業の発展の成功要因となっている．また全員参加と日本発の管理技術が，国内外の多くの企業で導入・推進され，大きな成果をあげていることが，効果的な小集団活動が育まれてきた大きな要因である．現在でも小集団改善活動は日本企業の強みであるが，この活動の基本要件は，日本企業でしか成立しないわけではない．組織は人間の集団であり，動機づけ理論と同様に，また石川馨が期待したように，海外の企業でも，活動条件を整備すれば小集団活動の基本要件は成立し，活動の活性化につなげることができる．

今後の日本企業の小集団の活用と活性化では，①自主的小集団活動とトップ主導のプロジェクト小集団活動を核として，他の小集団の相互補完的編成と活性化を含めた全社的小集団活動の推進と各小集団の活動の見える化，②日常管理における自主的小集団活動による改善の実施と水平展開，及び現場力強化，③方針・戦略の展開との垂直連携及び部門横断的な機能別管理（新製品開発・設備開発，生産マネジメント，コストマネジメント，調達マネジメント，SCM，IT／IoT 化，リスクマネジメントなど）との水平連携によるプロジェクト活動の役割再定義並びに積極的な活用，④サプライヤ／ディーラの小集団活動推進支援とサプライヤ／ディーラと

の協働による小集団活動の展開，⑤海外現地法人と現地サプライヤ／ディーラにおける小集団活動推進支援が課題である．これらの課題遂行は，観念的にあるべき論を振りかざして一気に実施するのではなく，あるべき方向を共有化しながらも，まずはやってみるという姿勢で実践による学習を積み，小さな成功体験を積み重ねる中であるべき方向の適切性を実感しながら，地道に活動していくことが肝要である．そのためには，困難な課題に対してはモデルで活動を展開し，成功要因と成功のポイントを整備して，水平展開していく方法論の適用が適切であろう．本書が多様な小集団活動の活性化と統合に役立てば幸甚である．

引用・参考文献

1) 今井正明(1988)：カイゼン―日本企業が国際競争で成功した経営ノウハウ，講談社
2) 伊丹敬之(1987)：人本主義企業―変わる経営 変わらぬ原理，筑摩書房
3) デミング賞委員会(2015)：デミング賞のしおり，日本科学技術連盟
4) TQM 委員会編著(1998)：TQM 21 世紀総合「質」経営，日科技連出版社
5) QC サークル本部編(1970)：QC サークル綱領，日本科学技術連盟
6) QC サークル本部編(1972)：QC サークル活動運営の基本，日本科学技術連盟
7) QC サークル本部編(1996)：QC サークルの基本，日本科学技術連盟
8) QC サークル本部編(1997)：新版 QC サークル活動運営の基本，日本科学技術連盟
9) A.F. チャルマーズ著・高田紀代志・佐野正博訳(1985)：新版科学論の展開―科学と呼ばれているのは何なのか？，p.49-70，恒星社厚生閣
10) 豊田章一郎(2014)：品質月間テキスト モノづくりは、人づくり，品質月間委員会
11) QC サークル本部編(2012)：現場力の強化に活かす QC サークル活動(小集団改善活動) ―現場力を強くしたい中堅企業の経営者・管理者の皆さま方へ，p.11 ほか，日本科学技術連盟
12) 佐々木眞一(2014)：JSQC 選書 24 自工程完結 - 品質は工程で造り込む，日本規格協会
13) ヤン・カールソン著・堤猶二訳(1990)：真実の瞬間―SAS（スカンジナビア航空）のサービス戦略はなぜ成功したか，ダイヤモンド社
14) C.H. ケプナー・B.B. トリゴー著・上野一郎訳(1985)：新・管理者の判断力―ラショナル・マネジャー，産業能率大学出版部
15) 中嶋清一・白勢国夫監修, 日本プラントメンテナンス協会編(1992)：生産革新のための新 TPM 展開プログラム 加工組立編，JIPM ソリューション
16) 吉村達彦(2002)：トヨタ式未然防止手法 GD^3―いかに問題を未然に防ぐか，日科技連出版社
17) トヨタグループ TQM 連絡会 QC サークル分科会編(2005)：QC サークルリーダーのためのレベル把握ガイドブック，日科技連出版社
18) 日本品質管理学会管理・間接職場における小集団改善活動研究会編

(2009)：開発・営業・スタッフの小集団プロセス改善活動―全員参加による経営革新，日科技連出版社
19) QCサークル本部(2008)：第40回QCサークルシンポジウム討論記録，日本科学技術連盟
20) 中條武志(2003)：進化したQCサークル活動―e-QCCって何?,「QCサークル」500号,日科技連出版社
21) 米山高範(2008)：品質月間テキスト 温故知新「QCサークル大会の変遷」に学ぶ，品質月間委員会
22) 村上昭(1998)：心と技を生かす―「人」そして「企業」，日科技連出版社
23) 細谷克也編(2000)：すぐにわかる問題解決法 - 身につく！問題解決型・課題達成型・施策実行型，日科技連出版社
24) 日科技連問題解決研究部会編(1985)：TQCにおける問題解決法，日科技連出版社
25) 細谷克也編，石原勝吉・広瀬一夫・細谷克也・吉間英宣共著(2009)：[リニューアル版] やさしいQC七つ道具―現場力を伸ばすために，日本規格協会
26) 狩野紀昭監修・新田充編(1999)：QCサークルのための課題達成型QCストーリー(改訂第3版)，日科技連出版社
27) QC七つ道具研究会編(1981)：新QC七つ道具の企業への展開，日科技連出版社
28) 中條武志(2015)：未然防止型QCストーリーのポイント,「QCサークル」647号,日本科学技術連盟
29) S.アリエティ著・加藤正明・清水博之共訳(1980)：創造力―原初からの統合，新曜社
30) 久保田洋志・大石正隆・木原勝・雪本直樹(1997)：品質月間テキスト 創造性豊かなQCサークル活動を目指して，品質月間委員会
31) 関東編集委員会(1997)：創造性を発揮させるポイント,「QCサークル」428号,日本科学技術連盟
32) C.I.バーナード著・山本安次郎・田杉競・飯野春樹訳(1968)：新版経営者の役割，p.85，ダイヤモンド社
33) E. Laszlo (1972) *Introduction of Systems Philosophy: Toward a New Paradigm of Contemporary Thought*, Gordon and Breach
34) 久保田洋志(1997)："経営組織におけるQCサークル活動(1)―組織論と動機付け理論からの考察",「品質」Vol.27 No.2，品質管理学会
35) A.H.マズロー著・小口忠彦訳(1987)：[改訂新版] 人間性の心理学―モ

チベーションとパーソナリティ，産業能率大学出版部
36) C. アージリス著・伊吹山太郎・中村実訳(1970)：新訳組織とパーソナリティーシステムと個人の葛藤，日本能率協会
37) D. マグレガー著・高橋達男訳(1966)：新版企業の人間的側面 - 統合と自己統制による経営，産業能率大学出版
38) R. リッカート著・三隅二不二訳(1964)：経営の行動科学 - 新しいマネジメントの探求，ダイヤモンド社
39) F. ハーズバーグ著・北野利信訳(1968)：仕事と人間性 - 動機づけ―衛生理論の新展開，東洋経済新報社
40) 近藤良夫(1993)：全社的品質管理―発展と背景，日科技連出版社
41) M.J. エリス著・森楙・大塚忠剛・田中亨胤訳(2000)：人間はなぜ遊ぶか―遊びの統合理論，黎明書房
42) 柴田昌治・金田秀治(2001)：トヨタ式最強の経営―なぜトヨタは変わり続けるのか，p.95-102，日本経済新聞社
43) 遠藤功(2005)：見える化―強い企業をつくる「見える」仕組み，東洋経済新報社
44) 久保田洋志編(2012)：見える化があなたの会社を変える―効果の上がる見える化の理論と実践，日本規格協会
45) W.R. アシュビー著・篠崎武・山崎英三・銀林浩訳(1967)：サイバネティクス入門，p.250-270，宇野書店
46) C.A. バートレット・S. ゴシャール著・グロービス経営大学院訳(2007)：[新装版] 個を活かす企業，ダイヤモンド社
47) 石川馨(1984)：日本的品質管理―TQCとは何か＜増補版＞，p.222，日科技連出版社
48) 遠藤功(2004)：現場力を鍛える 「強い現場」をつくる7つの条件，東洋経済新報社
49) 久保田洋志(2008)：JSQC選書2 日常管理の基本と実践－日常やるべきことをきっちり実施する，日本規格協会
50) 吉澤正編(2004)：クオリティマネジメント用語辞典，p.242，日本規格協会
51) 青木保彦・三田昌弘・安藤紫(1998)：シックスシグマ―品質立国ニッポン復活の経営手法，ダイヤモンド社
52) M. ハマー・J. チャンピー著，野中郁次郎監訳(2002)：リエンジニアリング革命 - 企業を根本から変える業務革新，日本経済新聞社
53) 邦訳ISO 21500:2012 "Guidance on project management."（対訳），日

本規格協会
54) JIS Q 10006:2004　品質マネジメントシステム－プロジェクトにおける品質マネジメントの指針
55) TQM因果モデル研究会(2001)：TQM因果モデル研究会報告「効果的問題解決のためのTQM因果モデル - 業績向上と競争力強化のために」，日本規格協会
56) D.A. Nadler "Concepts for the Management of Organizational Change", J.D. Hackman, E.E. Lawler Ⅲ, L.W. Porter ed. (1983)：Perspectives on Behavior in Organizations, p.551-561, McGraw-Hill
57) 占部都美編(1979)：組織のコンティンジェンシー理論，白桃書房
58) 伊丹敬之(2005)：場の論理とマネジメント，p.42，東洋経済新報社

索　　引

【アルファベット】

ECRS　37
e-QCC 活動　44
DRBFM　37
MAIC（DMAIC）　143
PM サークル　141
PM 分析　37
QC サークルとは　15
　——会合　75
　——改善活動の進め方　22
　——活動計画　61
　——活動における経営者・管理者の役割　48
　——活動における創造性　80
　——活動に期待される効果　26
　——活動の活性化　105
　——活動の基本理念　16, 113
　——活動のゲーム的特質　97
　——活動の現状　105
　——活動の深化と領域拡大　43
　——テーマの設定　24, 58
　——に対する指導・支援　52
　——の学習と成長　36
　——の行動指針　57
　——の全国的支援体制　20
　——の誕生　19
　——の編成　55
　——本部　20
　——名称　57
　——メンバの役割　102
　——リーダの役割　101
　——レベル把握　39, 40
QC ストーリ　64, 65
QC 七つ道具　69
TPM 活動　139
　——小集団　140
TQM　12
　——の全体像　14
X 理論と Y 理論　93

【あ行】

明るい職場　17, 117
遊び　97
石川馨　19, 131, 159
イノベーション　12
衛生要因と動機づけ要因　96
エンパワーメント　123

【か行】

会社が変わる　29, 31
改革・改善プロジェクトの成功要件　151
改善（カイゼン）　11, 12
科学的アプローチ　25
課題達成型　69, 129
管理者と推進事務局の役割　101
企業の体質改善・発展　18, 119
経営者・管理者の関心と関与　127

ゲーム的要素の導入　110, 126
現場力　135
効果的改革・改善活動の基本因果モデル　153
個人が変わる　29, 30
個を活かす活動　124
コンティンジェンシー理論　158

【さ行】

最小多様度の法則　114
サークル活動の基本要件　156
自工程完結　33
自己実現モデル　92
施策実施型　64
自主性　17
シックスシグマ　142
集団効果　32
小集団活動の現状と課題　106
職場が変わる　29, 30
真実の瞬間　34, 101
新QC七つ道具　71
スポーツの楽しさ　99
全員参加　51
相互に適合　156
創造性　80
組織運営　13
　――活性化　101
　――とは　87
　――における個人の欲求　95
　――文化　88

【た行】

ダイバーシティへの対応　114
豊田章一郎　27

【な行】

中條武志　44
日常管理　137
人間性の尊重　51, 109, 117
能力の発揮　16, 113

【は行】

場の理論　160
標準化の目的　137
不具合現象とプロセスの現状把握　62
プロジェクト　147
　――チーム活動　146
　――チーム活動とサークル活動の統合　158
　――チーム活動の基本要件　153
　――における品質マネジメントの指針　148
ホロン性　87

【ま行】

見える化　111, 126
　――の役割　111
未然防止型　72, 129
　――のための手法　75
問題解決型　65, 128
問題とは　22
　――の認識　23

【や行】

米山高範　44
誘因と貢献　88
欲求階層説　90

JSQC選書25
QCサークル活動の再考
自主的小集団改善活動

定価：本体 1,600 円（税別）

2016 年 5 月 30 日　第 1 版第 1 刷発行

監 修 者　一般社団法人 日本品質管理学会
著　 者　久保田　洋志
発 行 者　揖斐　敏夫
発 行 所　一般財団法人 日本規格協会
　　　　〒 108-0073　東京都港区三田 3-13-12　三田 MT ビル
　　　　　　　　　　http://www.jsa.or.jp/
　　　　　　　　　　振替　00160-2-195146
印 刷 所　日本ハイコム株式会社

© Hiroshi Kubota, 2016　　　　　　　　　Printed in Japan
ISBN978-4-542-50482-0

● 当会発行図書，海外規格のお求めは，下記をご利用ください．
　販売サービスチーム：(03)4231-8550
　書店販売：(03)4231-8553　注文 FAX：(03)4231-8665
　JSA Web Store：http://www.webstore.jsa.or.jp/

JSQC選書

JSQC(日本品質管理学会) 監修

定価:本体 1,500 円～1,800 円(税別)

1	**Q-Japan** よみがえれ，品質立国日本	飯塚　悦功　著
2	**日常管理の基本と実践** 日常やるべきことをきっちり実施する	久保田洋志　著
3	**質を第一とする人材育成** 人の質，どう保証する	岩崎日出男　編著
4	**トラブル未然防止のための知識の構造化** SSM による設計・計画の質を高める知識マネジメント	田村　泰彦　著
5	**我が国文化と品質** 精緻さにこだわる不確実性回避文化の功罪	圓川　隆夫　著
6	**アフェクティブ・クォリティ** 感情経験を提供する商品・サービス	梅室　博行　著
7	**日本の品質を論ずるための品質管理用語 85**	(社)日本品質管理学会 標準委員会　編
8	**リスクマネジメント** 目標達成を支援するマネジメント技術	野口　和彦　著
9	**ブランドマネジメント** 究極的なありたい姿が組織能力を更に高める	加藤雄一郎　著
10	**シミュレーションと SQC** 場当たり的シミュレーションからの脱却	吉野　　睦 仁科　　健　共著
11	**人に起因するトラブル・事故の未然防止と RCA** 未然防止の視点からマネジメントを見直す	中條　武志　著
12	**医療安全へのヒューマンファクターズアプローチ** 人間中心の医療システムの構築に向けて	河野龍太郎　著

日本規格協会　　http://www.webstore.jsa.or.jp/

JSQC選書

JSQC(日本品質管理学会) 監修

定価:本体 1,500 円～1,800 円(税別)

13	QFD 企画段階から質保証を実現する具体的方法	大藤　正　著
14	FMEA 辞書 気づき能力の強化による設計不具合未然防止	本田　陽広　著
15	サービス品質の構造を探る プロ野球の事例から学ぶ	鈴木　秀男　著
16	日本の品質を論ずるための品質管理用語 Part 2	(社)日本品質管理学会 標準委員会　編
17	問題解決法 問題の発見と解決を通じた組織能力構築	猪原　正守　著
18	工程能力指数 実践方法とその理論	永田　靖 棟近　雅彦　共著
19	信頼性・安全性の確保と未然防止	鈴木　和幸　著
20	情報品質 データの有効活用が企業価値を高める	関口　恭毅　著
21	低炭素社会構築における産業界・企業の役割	桜井　正光　著
22	安全文化 その本質と実践	倉田　聡　著
23	会社を育て人を育てる品質経営 先進, 信頼, 総智・総力	深谷　紘一　著
24	自工程完結 品質は工程で造りこむ	佐々木眞一　著

日本規格協会　　http://www.webstore.jsa.or.jp/